STOFF- UND MOTIVGESCHICHTE DER DEUTSCHEN LITERATUR

8

STOFF- UND MOTIVGESCHICHTE DER DEUTSCHEN LITERATUR

HERAUSGEGEBEN VON

PAUL MERKER UND GERHARD LÜDTKE

8

MILIAN SCHÖMANN

NAPOLEON

1930

WALTER DE GRUYTER & CO.

VORMALS G. J. GÖSCHENSCHE VERLAGSHANDLUNG — J. GUTTENTAG, VERLAGSBUCHHANDLUNG — GEORG REIMER — KARL J. TRÜBNER — VEIT & COMP.

BERLIN UND LEIPZIG

NAPOLEON
IN DER DEUTSCHEN LITERATUR

VON

MILIAN SCHÖMANN

1930
WALTER DE GRUYTER & CO.
VORMALS G. J. GÖSCHENSCHE VERLAGSHANDLUNG — J. GUTTENTAG, VERLAGSBUCHHANDLUNG — GEORG REIMER — KARL J. TRÜBNER — VEIT & COMP.
BERLIN UND LEIPZIG

Fritz Kahn
in verwandtschaftlicher Freundschaft zugeeignet

Aldus Druck Berlin SW 68

Inhaltsverzeichnis

Die Geschichte der Wirkung Napoleons ist beinahe die Geschichte des höheren Glücks, zu dem es dieses ganze Jahrhundert in seinen wertvollsten Menschen und Augenblicken gebracht hat.

Friedrich Nietzsche.

Die Persönlichkeit Napoleons hat die Geschichte der nächsten Jahrhunderte im voraus geformt. Napoleon beherrscht uns alle innerlich, unsere Staaten und Heere, unsere öffentliche Meinung, unser ganzes politisches Sein .....

Oswald Spengler.

Gleichgültig, ob man an seinem zeitlichen Werk Dauer sieht: er selbst, seine Gestalt ist Dauer und genügt, in unserem Staatenraum die ewige Luft zu bewahren ..... wiederkommen kann Napoleon nicht: er soll da sein, als Wert, in dem lebendigen Gefühl, daß die kosmischen Kräfte nicht tot sind und immer neuer Welt- und Heldwerdung harren.

Friedrich Gundolf.

EINLEITUNG.

Die Gestalt des genialen Korsen beschäftigt seit fast anderthalb Jahrhunderten alle bedeutsamen Führer unseres deutschen Geisteslebens. Napoleon hat, wie keine andere historische Erscheinung (nicht nur der modernen Geschichte), Vertreter der verschiedensten weltanschaulichen Richtungen und beruflichen Interessen begeistert und befruchtet, enttäuscht und entsetzt, angezogen und abgestoßen. Seit den Tagen des späten Klopstock und Wieland über Goethe, Beethoven, Fichte bis zu Grillparzer und der Romantik, von Heine, Grabbe, Hebbel bis zu Bismarck, Treitschke, Wagner, Nietzsche und der allerjüngsten Gegenwart haben sich Poeten und Philosophen, Historiker und Diplomaten, Gesetzgeber und Soldaten in gleichem Maße um Betrachtung des Mannes gemüht, der all diese Disziplinen in seiner umfassenden Wesensfülle zu umspannen scheint. Geisteshaltung und Menschenbeurteilung einer Zeitströmung verdichtet sich im Anschauen dieser einen Gestalt wie in einem konzentrischen Kreise, um den sich im wechselseitigen Auf und Ab, bald locker sich tummelnd, bald enger gestrafft, die jeweiligen Meinungen und Richtungen politischer, kultureller und philosophisch-weltanschaulicher Art magnetisch gebannt bewegen.

Gerade in unseren Tagen überschneiden sich diese exzentrisch-peripherischen Kreise, von tiefster Verdammung jäh umbiegend in höchste Vergötterung, von feigem Kompromiß in kalte Ablehnung. Heute, wo das Bild des Korsen in der exakt-historischen Forschung bis in kleinste Details seines Privatlebens für lange fest umrissen zu sein scheint, sucht man aus diesem Gesamtkomplex jeweils passende Einzelbündel aufzuraffen, die man dann, je nach politischer oder weltanschaulicher Richtung glaubt verwerten oder verwerfen zu dürfen. So lehnen republikanische Publizisten kalt und überlegen den tyrannischen Despoten, Kriegsentfacher und gekrönten Massenmörder ab, während reaktionäre Generale in heroisch-militärischer Wallung den starken Monarchen, unbesieglichen Schlachtenmeister und glänzenden Kriegsfürsten begeistert feiern; so wollen klassizistische Heroenschwärmer den „größten Menschen der Neuzeit" als den ebenbürtigen Bruder Alexanders und Caesars, als den klassischen Sproß der neuen Aera schlechthin angesehen wissen, indes typologische Kategoriensucher ihn als den Prototyp des gotisch-nordisch-faustischen Menschen, dem „klassischen Typ", entgegenzustellen sich berechtigt fühlen, als Widerpart Alexanders und Caesars: der Höhe seiner Stellung und dem Maße seiner Wirkung nach ihnen gleich, seinem inneren Gesamtlebensstoff aber und seelischen Grundelement gemäß durchaus verschieden, ja entgegengesetzt. Ideologische Pazifisten sodann dürfen in den völkerzerfleischenden Kriegen des bewunderten Kaisers nur das Mittel zur „Befriedung Europas" sehen und den ersten realen Schritt zur Gründung der „Vereinigten Staaten von Europa"; psychologische Charakterdeuter hingegen spüren in all seinen Taten und Werken nur die veranschaulichte Umsetzung einer überschäumenden Dynamik, nur die reale Auswirkung eines dämonischen Künstlerimpulses.

Aber nicht erst in diesen Tagen, sondern seit mehr denn hundert Jahren sind die Maße zur Erfassung dieses einen Urphänomens Napoleon verschiedenartig und beweglich, während die Materie in ihrer Gesamtheit immer die nämliche bleibt: wie ein Gegenstand, der bei verschiedener Beleuchtung verschiedene Schatten wirft. So bildet diese wechselnde Belichtung oder Beschattung in ihrer fortlaufenden Entwicklung die organische Geschichte des Napoleonischen Ruhmes, die sich wie ein roter Faden durch die Geistesgeschichte des 19. und 20. Jahrhunderts hindurchzieht: bald verknüpft mit dem Namen eines überragenden Einzelnen, bald geheftet an eine Fülle vieler Mittelmäßigen, immer aber eine klare Skala und ein zusammenfassender Endfaktor für die Bilanz einer Epoche. Bisher freilich hat man sich mit der Abfassung monographischer Darstellungen über das Verhältnis einzelner Großen (Goethes, Byrons, Heines vor allem und weniger eingehend Fichtes, Grillparzers, Immermanns) zu dem Korsen begnügt, und die Geschichte des Napoleonischen Ruhmes, die zusammenfassende Kündung von der Variation der Napoleonischen Gesamtgestalt, ist — selbst in Deutschland, dem Lande, das die meisten und größten Verehrer des Kaisers aufzuweisen hat — noch ungeschrieben. Die vorliegende Schrift will ein erster Beitrag dazu sein.

ERSTER HAUPTTEIL: NAPOLEON ALS NATIONALFEIND.

I. Kapitel: Die Lyrik der Befreiungskriege.

Die Lyrik der deutschen Befreiungskämpfe hat zum ersten (und auch zum letzten) Mal einen einheitlichen, festgefügten Rahmen für ein allgemein zeitgemäßes deutsches Napoleonbild geschaffen. Das Bild selbst freilich vermochte eine solche, spontan aus allen Schichten der Gesellschaft herauswuchernde Bewegung nicht fein und farbig auszugestalten, und selbst der Rahmen blieb grob und roh genug. Im Grunde genommen war es denn auch den Freiheitssängern nur darum zu tun, die bestimmende Richtung anzugeben, in die man den Korsen hineinzustellen hatte, gleichsam die Bühne anzuweisen, auf der man ihn zu bewegen gedachte, die Kleidung auszuwählen, die man ihm umzuhängen sich verpflichtet, sich gezwungen glaubte. Diese pflichtgemäß, fast zwangsläufig eingeschlagene Richtung war — trotz aller individuellen Verschiedenheit der einzelnen Befreiungsdichter — bei allen die gleiche; denn sie stammte aus denselben Wünschen, Vorstellungen und Idealen her. Sie alle waren beherrscht von dem gleichen Wunsch der Befreiung Deutschlands, bestimmt von der gleichen Vorstellung eines großen und mächtigen Vaterlandes und beflügelt endlich von dem gleichen Ideal der alten, deutschen Herrlichkeit. Neben diesen positiven Forderungen und Verheißungen wandte sich der Blick der Befreiungslyriker erst in zweiter Linie der Gestalt des Korsen, der Wurzel alles Uebels, zu, und in gleichem Maße wie man die herrlichen Ziele der Zukunft möglichst allgemein und dem gemeinen Manne mund- und sinngerecht erscheinen ließ, in genau derselben Weise glaubte man bei der Kritik und poetischen Verwertung Napoleons verfahren zu müssen. Fürs erste galt daher der große Korse den Lyrikern der Befreiungskriege nur als Verkörperung des Nationalfeindes und Bösen Prinzips schlechthin, und jeder einzelne verzichtete im Hinblick auf Erzielung möglichst breiter Massenwirkung auf Ansätze zu einer feineren und tieferen Kritik an Napoleons Wesen und Wirken. So goß man einen Wust von unflätigem Schmutz und Spott aus über Napoleon, den fremden Tyrannen, den Höllensohn, Tiger in Menschengestalt, Henkersknecht, Weltverwüster und Weltbetrüger, Abschaum der Menschheit und Geißel Gottes, Zertreter alles Heiligen und schnöden Lästerer alles Göttlichen. Ob der jünglinghaft-kampfesfrohe Körner, ob der männlich-harte Arndt, ob der grimme Kleist oder der ernste Rückert, ob der feinsinnig-träumerische Schenkendorf oder der idealgeschwellte Friedrich Schlegel: sie alle kommen in ihren lyrischen Freiheitsgedichten nicht über solche billigen Gemeinplätze der Napoleonbeurteilung und Napoleongestaltung hinaus . . . . und nur die weniger bedeutenderen Dichter (die darum nicht weniger begeisterte Patrioten waren) Stägemann und Wetzel haben überhaupt konkrete Vorfälle und reale Begebenheiten aus Napoleons Leben zum Vorwurf ihrer Gedichte genommen, freilich nur, um sich daran desto derber auslassen zu können. Napoleon blieb also in der Lyrik der Befreiungsdichter immer ein stereotypes Böses, ein Unmenschliches, ein Etwas ohne persönliches Gesicht, ohne Herz und Gemüt, nur mit dem Willen zur verderbenspeienden Despotie. Nur die Richtung wurde gezeigt, in der die napoleonische Dynamik in dieser Zeit wirkte oder zu wirken schien — nicht aber der Kraftkomplex untersucht, geprüft, gewertet. Die Lyrik der Befreiungskriege ist in erster Linie Gelübde, Weihe, Mahnung, Antrieb für die Deutschen, nicht Urteil und Wertschätzung Napoleons. Körner ruft auf zu mutigem Kampf, Arndt feiert die Helden und Führer, Kleist beschwört Germania und ihre Kinder, Schenkendorf träumt vom alten und neuen Deutschland, Rückert mahnt zu Einigkeit, Opfermut und Freiheitssinn, und Napoleon ist für sie alle nur das Grundübel, welches all ihre Wünsche, Träume und Forderungen zunichte macht und deshalb beseitigt werden muß. Er ist gleichsam der Riese, den man zu fällen hat, wenn man die Früchte des Zaubergartens genießen oder seinen Bezirk nur betreten will. Zu allgemein, abstrakt, unrichtig und unwichtig, verzerrt und verdreht erscheint uns heute das Napoleonbild der Befreiungslyriker trotz oder gerade wegen ihres patriotischen Enthusiasmus.

II. Kapitel: Die Epik der Befreiungskriege.

Die Enge und einseitige Härte des Napoleonbildes, wie es die deutsche Befreiungslyrik aufweist, steht in fast gar keinem Verhältnis zu den epischen Napoleondarstellungen der gleichen Zeit und bisweilen sogar der gleichen Autoren. Zeit-bedingt, aus der Zeit heraus und für die Zeit geschrieben, sind freilich auch diese Beurteilungen, und, in genau demselben Maße wie die Lyrik, geboren aus den nationalpolitischen Motiven der Vernichtung Napoleons und der Befreiung Deutschlands. Aber wie schon die epische Form rein äußerlich mehr Raum und Recht verstattete zu kritischer Betrachtung bestehender Mängel und zu eingehenderer Erwägung künftiger Gestaltung des Vaterlandes, so bot sich hier eine willkommene Gelegenheit zu einer gleichfalls schärferen und eindringlicheren Beleuchtung des Mannes, der damals die Geschicke Deutschlands, Europas und der Welt nach seinem Willen lenkte. Mit leidenschaftlichem, patriotischem Schwung und glühendem

Napoleonhaß, aber auch mit tiefer Einsicht in das Wesen und Wachsen historischer Riesenkomplexe, mit ehrfurchtgebietendem Staunen und erhabenem Schauer vor der gigantischen Größe des Korsen und schließlich mit feiner Meisterschaft des sprachlichen Gestaltungsvermögens haben die Arndt und Fichte und Görres, jeder nach seiner Art und in seinem Sinne, das eigentlich bedeutungsvolle und rechtmäßige Napoleonbild ihrer Zeit geformt.

Ernst Moritz Arndt, seit Marengo *„von einem Grauen angewandelt vor der herrischen Gestalt des Korsen"* und seit Luneville grimmerfüllt ob der deutschen und europäischen Schmach, hat zuerst von den Gegnern Napoleons Bild zu entwerfen und festzuhalten gewagt. Sein „Geist der Zeit" — der erste Teil erschien bereits ein Jahrzehnt vor der endgültigen Niederwerfung des Korsen — ist ein einziges großartiges Manifest gegen Napoleon und die Franzosen. Ob Arndt von den alten oder den neuen Völkern spricht, von den Republiken oder den Fürsten, überall stellt er die Franzosen als das trügerische, übermütige, habsüchtige, hinterlistige und treulose unter den Völkern hin, als schlimmes, abschreckendes Beispiel. Mit „rechtem, treuen" Zorn schmäht er die Welschen und Napoleon, den listigen, verschlossenen, höhnischen Korsen haßt er erst oder schon deshalb, weil er ihr Führer und Leiter ist. Mit seinem hellen, unbeirrbar kritischen Blick, seinem geschichtskundigen und geschichtsträchtigen Maß und seinem prophetisch-tiefen Sehvermögen aber weiß Arndt, wie damals kein anderer neben ihm, daß man den Fürchterlichen so leicht nicht richten darf, als es die meisten tun in Haß und Liebe. Deshalb widmet Arndt dem „Emporgekommenen" ein eigenes Kapitel, eine mustergültige Kritik an seinem Werden und Wesen (daran schließen sich später mehrere Flugschriften in härterem und böserem Ton). Nicht flach und falsch, nicht klein und hämisch sieht Arndt Napoleon; muß er auch Napoleons rücksichtslose Selbstüberhebung, seine Grausamkeit und Hinterlist, seine unersättliche Ländergier und Herrschlüsternheit verabscheuen und verdammen: er fühlt trotz allem, daß der Korse nicht nur ein verruchter Bösewicht und großer Verderber ist, sondern eine gigantische Herrschernatur, von seiner Sendung erfüllt, im Dienste einer höheren Macht, begabt mit *„jener siegenden Kraft des großen Unbewußten, das Tausende zwingt und beherrscht"*, eine antike Cäsarengestalt mit allen Mängeln und Vorzügen des großen Eroberers. Mag Napoleon grausam sein, wo andere kühn sind, hinterlistig, wo andere offen, blind und instinktiv, wo andere weise und sicher, unersättlich, wo andere maßvoll, ungebildet und lasterhaft, wo andere erhaben und heilig sind: Arndt spürt doch schon damals, daß er eisern, rasch und blutig wie das Schicksal selbst fährt, schlägt und zerstört, daß er das Gepräge eines außerordentlichen Menschen an sich trage, daß man ihm, wie jeder seltenen Naturkraft, Bewunderung und Furcht nicht versagen könne.

Wie Arndt der männlichste, klarste, ernsteste und zugleich geschichtskundigste und volksnächste und deshalb volkstümlichste unter den deutschen Freiheitskündern war, so ist Heinrich von Kleist, der, von den gleichen Zielen beseelt, kurz nach ihm Napoleons Gestalt und Wesen betrachtete, der grimmigste, persönlichste, empfindlichste und dämonischste Hasser des Korsen. Freiheitsrausch und Napoleonfeindschaft stammen bei ihm im Gegensatz zu den anderen Freiheitssängern aus der rein persönlichen, naturbedingten, urkleistischen Haßsucht und Haßkraft, die an Napoleon nur ein willkommenes Objekt, gleichsam ein Entladungsventil, fand. Kleist hat kein rundes, geschlossenes, Licht und Schatten sorgsam abwägendes Napoleonbild entworfen wie Arndt, sondern sprunghaft und fahrig wie er war, erscheint er in seinem Urteil bald jäh und wild bis zur furienhaften Wut, bald wieder eisig-kalt oder höhnisch und spöttisch, immer aber von dem einen und einzigen Wunsch beseelt, den Korsen um jeden Preis zu vernichten. Napoleons Feldherrngröße, Gewandtheit und Kühnheit mag man bewundern .... aber erst, wenn er unschädlich gemacht ist. Als Mensch aber bleibt er auch dann noch für Kleist ein schamloser Lügner und frecher Räuber, der Anfang alles Bösen und das Ende alles Guten: ein höllentstiegener Vatermördergeist. Mit einseitiger, bewußter Härte und starrsinniger Enge will Kleist nur das Böse, Niederträchtige, Verabscheuungswürdige an Napoleon sehen — ohne rechts und links zu blicken. Er fordert grausame Vernichtung der welschen Brut, gleichviel mit welchen Waffen, und er gibt selbst die Bedingungen für das Gelingen eines solch gewaltigen Unternehmens in seinen kleinen Aufsätzen und Aufrufen an (besonders in dem „*Katechismus der Deutschen*") und er zeigt die Ausführung und Wirkung in der „Hermannschlacht", dem bedeutendsten Kunstwerk, das aus dem Geiste der Befreiung geboren ward.

Früher schon als Kleist und auch als Arndt hatte Görres auf Napoleon seine Blicke gelenkt, zunächst natürlich weniger auf den Menschen und Genius als auf den Politiker und die Wege und Ziele seiner Wirksamkeit. Begeisterter Jünger der französischen Revolution und geschworener Feind aller Despotie mußte der junge Görres in dem Konsul Bonaparte zunächst den — wenn auch naturnotwendigen und naturgesandten — Vernichter aller Freiheitshoffnungen sehen, selbst dann noch, als die gräßlichen Auswüchse der Pariser Revolutionshelden ihm Herz und Sinn bereits ernüchtert haben mochten. Aber offen, gerecht, männlich und kompromißfähig, wie er stets war, erkannte Görres schon damals in Napoleon einen Mann von seltenem Genie, von ernstem, kühnem und starkem Charakter, von unergründlicher Tiefe und harter Verschlossenheit, einen Führer von ganzem Willen und hohem Mut. Mehr und mehr jedoch wurde aus solch interessierter Anteilnahme ein Gefühl des Abscheus oder doch der unbedingten Ablehnung dieses Tyrannen, Frevlers, Wüterichs und Satans, in dem Görres den Nationenbändiger, den reinigenden Blitz, die Zuchtrute und den Skorpionenstachel Europas zu erblicken beginnt. Ihm ist der Kaiser Napoleon, zu dessen Bekämpfung er jetzt die ganze Fülle seiner reichen Kräfte aufbietet, freilich nicht in erster Linie der Nationalfeind, der Führer der über die Maßen gehaßten Welschen, wie für Arndt, sondern erstlich und letztlich das fleischgewordene Böse, Gleisnerische, Lügnerische, das menschgewordene Teuflische, das *„einzig in dem Schlechten seiner Zeit wurzelt und wuchert"*. Napoleon übt sein menschenverderbendes, friedestörendes Regiment in einem Reiche der Ungerechtigkeit, der Sünde, des Verderbens, der Schande und des Greuels; sein System ist das Element aller Nichtswürdigkeit und er selbst der Kaiser aller Bosheit und Niedertracht auf Erden. In ihrem vielgestaltigen Werdegang verfolgt Görres die Ereignisse seiner geschichtsgewaltigen Zeit (sie alles betreffen irgendwie direkt oder indirekt den Korsen) und er vermag — stilvoller, feiner, geistiger und gerechter als Arndt, weniger hart, eng und böse als Kleist — inmitten dieses Wallens und Wogens die Züge seines Napoleonbildes immer neu und frisch und lebenswahr auszugestalten. Die schönste Frucht seiner Beschäftigung mit Napoleon erntet Görres in der fingierten *„Proklamation Napoleons an die Völker Europas vor seinem Abzug auf die Insel Elba"*. Mit einer großartigen Meisterschaft des nachschaffenden Wort- und Klanggefüges verbindet er hier in wahrhaft künstlerischer Beschwingtheit eine feine, phantasieumwobene, plastisch ausgestaltende Ironie an Napoleons Tun und Denken, die bis heute in der umfangreichen Napoleonliteratur nicht ihresgleichen gefunden hat weder an Witz und Geist des Inhaltes, noch an Harmonie und Meisterschaft der Form. Die ganze Tiefe, Weite, Feinheit und geniale Romantikerbehendigkeit von Görres' Wesen leuchtet hier auf und ballt zugleich alle Phasen seines Napoleonbildes in den Falten und Fältchen dieses Mantels von Ironie und heiter-ernster Spielerei zusammen: hier sehen, hören, ja spüren wir den maßlosen Stolz des korsischen Menschenverächters, die raffinierte Schlauheit des grausamen Egoisten, die brennende Ländergier des Nationenbezwingers, den höllischen Hohn des eidbrüchigen Verräters, den frechen Spott des profanen Lästerers. Aber zwischen und über all diesen harten Anklagen schwingt, wie bei Arndt so auch bei Görres, ein unerklärliches Grauen und unfaßbares Schauern vor der übermenschlichen schicksalträchtigen Größe des Korsen mit. „*Wie ein Gewitter zieht er hoch einher, Segen, Zorn und Schrecken, Blitz und Hagel, Feuer und Regen in sich beschließend, und achtet nicht in seiner Höhe, ob er schlägt die Felder oder sie erquickt.*“ Reiches historisches Wissen durchdringt sich bei Görres mit feinnervigem politischen Gegenwartssinn und romantisch-ferne Sichten und Wünsche durchsetzen seine volkstümlich schlichten Aufrufe. Unter den großen Gegnern des Korsen ist Görres damals der beweglichste, lebendigste, wachsamste; napoleonischem Wesen am meisten verwandt, vereinigt er Kleists dämonische Haßkraft mit Arndts männlicher Härte und Fichtes erhabenem Überschwang.

Fichtes Napoleonbild entstammt einer anderen Lage, einer anderen geistigen Schicht als Arndts und Görres' Darstellungen. Fernab von den leidenschaftgeschwellten Erschütterungen seines eigenen Zeitalters hat Fichte Napoleon beurteilt nach Maßen, wie sie nicht in der Zeit, sondern nur in seinem urfichteschen Weltbild bereit lagen. Fichtes Napoleonkritik ist in demselben Umfange persönlich und individuell und zwangsläufig geboren aus seinem ureigensten Streben und Trachten, wie etwa Goethes Napoleonbild oder auch Kleists Haßdialog. Vollkommen unabhängig von der Zeit und ihren festbedingten Forderungen ist sie, in direktem Gegensatz etwa zu Görres' und Arndts zweckverbundenen Beurteilungen, frei von jeglicher augenblickbestimmten Tendenz. Ernst und getragen einzig von seinen erhabenen Ideen der Menschenwürde und Menschenfreiheit stellt Fichte zum ersten Male ein Zuwenig in Napoleons Charakter fest, wo jeder bisher nur ein Zuviel an Kraft und Leidenschaft und Bosheit irgendwelcher Art ihm glaubte vorwerfen zu dürfen. Freilich ist auch für Fichte Napoleon das Böse schlechthin, aber nicht wie bei den Freiheitskämpfern wegen einer Überfülle verruchter Untugenden, sondern nur wegen des Mangels an Sinn für Freiheit und Menschenwürde. An diesem Freiheitswunsch und -ideal findet Fichte den objektiven, unverrückbaren Maßstab für seine Beurteilung Napoleons und für die Abgrenzung der nationalen und kosmopolitischen Kulturmission, die er dem Korsen zugedacht wissen möchte. Napoleons gestählter, kräftiger, unerschütterlicher Wille, seine ruhige Klarheit und Festigkeit, seine erhabene, genußverschmähende Denkart, all diese Bestandteile seiner überlegenen Menschengröße hätten ihn zum „*Wohltäter und Befreier der Menschheit*“ machen müssen, wenn „*nur eine leise Ahnung der sittlichen*

Bestimmung des Menschengeschlechts in seinen Geist gefallen wäre". Fichte bewundert die Begeisterung Napoleons, seinen erhabenen Schwung, seine Klarheit und Stärke, seinen „absoluten Willen", und er schätzt den Grad dieser Willensdynamik, aber er verschmäht und verabscheut die Richtung, den Weg und das Ziel dieses Wollens. Napoleon erscheint ihm, erfüllt von dem tolldreisten Wahne seiner göttlichen Sendung, voll „*Rachsucht und Lugsucht*", als ebenso despotisch beschränkt wie dünkelhaft vermessen und beherrscht nur von dem Gedanken seines schicksalsgewollten Weltenreiches. Verkehrter Eigendünkel, törichte Sucht, auch einer der weltgeschichtlichen Heroen zu werden, gereizte Eitelkeit, krasse Egoisterei und was dergleichen „verkehrter Leidenschaften" mehr sein mögen, lassen für Fichte diesen achtunggebietenden, edlen Geist die sittliche Würde vergessen und schlagen ihn mit Blindheit für die erhabene Bestimmung des Menschengeschlechts. Statt Führer und Erzieher zur Freiheit zu sein, hat er listig und lauernd, begabt mit dem scharfen Blick für die Schwäche der Menschen, Frankreich und Europa um dieses höchste Gut betrogen.

Streng und hart, aber gerecht und ehrlich dünkt uns Fichtes Napoleonkritik und dabei von einer Warte aus gesichtet, wie sie, bestimmt von solcher Höhe und objektiven Geistigkeit, in der Napoleonbeurteilung bisher nicht zu verzeichnen ist. Mag Hegel in dem, was Fichte „Heroendünkel" und überspannte „Eitelkeit" nennt, den bestimmenden Faktor für das überlegene Wissen und schicksalbestimmte Wollen des welthistorischen Individuums gesehen haben, mag Nietzsche die rohe, bloß „formale" Kraft zur Dominante für die Beurteilung seines Übermenschen erhoben haben, und mag vor allem Goethe die außer- und übermoralische Stellung des Naturphänomens Napoleon gefordert haben: Fichtes Napoleonbild bleibt trotz allem, so wie es ist, mit den Darstellungen Arndts und Görres' zusammen, die geistesgewaltigste und erhabenste Charakteristik des Korsen im damaligen Europa, wo sich, besonders in dramatischen Versuchen, der freche Hohn und rohe Spott über den gestürzten Heros breit zu machen beginnt.

III. Kapitel: Das Drama der Befreiungskriege.

Während die echten und ernsten Freiheitskünder ein satirisch-parodistisches, profanes Gelächter nicht anschlagen mochten über den Allzugewaltigen, den man nur grimmig hassen konnte, ergoß sich nach der Leipziger Riesenschlacht, als Napoleon durch jähes Mißgeschick und „selbstverschuldetes Gottesgericht" neben dem Haß auch den

Hohn, den Spott und die Verachtung reizen konnte, ein wahrer Kübel voll Unflat aus über den „teuflischen Dämon“, für den kein Name aus dem Tierreich zu schaudererregend und scharf sein konnte; und man schreckte nicht zurück, den gewaltigen Genius gar zum *„Helden“* komischer Theaterstücke, Possen und Pamphlete zu machen. Im ersten Taumel und trunkenen Überschwang des Sieges, im überlauten Frohlocken und tolldreisten Rausch des lange ersehnten, endlich erkämpften Augenblicks der Befreiung sind diese Produkte, verworren und überhitzt wie die Zeit selbst, frisch und warm aus dem Gären und Tosen dieser Tage heraus geboren. Es sind Auswüchse einer überreizten Phantasie literarischer Politiker oder politischer Literaten, die menschlich zu flach und auch zu falsch, politisch zu starr und zu störrisch waren, um die rein menschliche Tragik und den überpolitischen Persönlichkeitswert Napoleons im Wandel der Ereignisse erkennen und begreifen zu können oder zu wollen. In niedrigen Spott und unflätigen Hohn, in rohen Witz und böse Ironie lösten und lockerten sie den tiefen Haß und die volle Wut der Befreiungskämpfer auf und lockten die geifernden Schreier und schnöden Gaffer der Massen. Siegesfeiern und Festspielwünsche wiesen ihnen Weg und Richtung zur bühnenmäßigen Verwertung und Bedeutung dieser Massenansprüche. Nicht als dichteste und vollkommenste Spiegelbilder des Zeitgeistes sind deshalb diese Theatermachwerke zu werten, sondern bestenfalls als Nutznießung und Erfassung eines breiten und barschen Augenblicktriebs.

Der bekannteste und bedeutendste und zugleich typischste unter diesen Possendichtern war Kotzebue. Literarische und politische Ziele boten ihm in gleicher Weise Anlaß zur komisch-satirischen Behandlung und Verwertung des welterlösenden Sturzes Napoleons. Die literarische Seite — Kotzebues Zug und Trieb zur Travestie (die er, wie es im Vorwort zur „Kleopatra“ heißt, zu neuem Leben erwecken wollte) — war in diesem Falle allerdings nur notwendige Folge der politischen Anschauung, die Form der Darstellung nur äußere Farbe für längst feststehende Inhalte. Denn in seinen Freudefeiern, Festspielen und Possen bekundet Kotzebue dieselbe moralische Kleinmeisterei, gestützt auf die Fiktion eines idealen Pazifismus, die gleiche Art der hämischen Ironie und seinen schrankenlosen Zynismus wie längst vorher in seinen Zeitschriften *„Die Biene“*, *„Die Grille“* und in den *„Politischen Flugblättern“*. Hier wie dort gefiel er sich bald in giftgeschwollenen, frechen Angriffen, bald in versteckten, spitzigen Sticheleien, meist jedoch in einer groben und flachen Manier der Verdrehung und Verzerrung des Ernsten, Tiefen, Großen und Starken ins Burleske, Ironische, Satirische und Komödienhafte. Besonders wenn er von einzelnen Übel-

und Missetaten Napoleons spricht, kehren der kalte Hohn und die hämische Verschmitztheit immer wieder, die vom ersten Flugschriftenblatt *„Der Biene"* bis zum letzten *„Brief der Generalin Bertrand"* Laster und Leiden Napoleons (auch sein Mißgeschick rechnet Kotzebue ihm als Missetat an) in gleicher Weise bewitzeln und bespötteln.

An diesen, seinen moralistisch-philiströsen Verdammungs- und Bannflüchen gegen Napoleon hat Kotzebue weder nach Form noch nach Inhalt etwas geändert, sondern sie als feste und fertige Bestände szenisch und allegorisch in seine dramatischen Festspiele, den *„Flußgott Niemen und Noch Jemand"*, die darauf Bezug nehmenden *„Possen"* und schließlich in *„Napoleons Reise-Abentheuer"* eingearbeitet und oft unharmonisch eingeflickt. Das Primäre freilich, das ursprünglich Treibende zu diesen dramatischen Streit- und Spottschriften waren eigentlich Feier, Freude und Fest, nicht anschauliche Verunglimpfung und leibhafte Verzerrung des gestürzten Napoleon. Aber für Kotzebue war die hohe Freude über den Sieg gleichbedeutend mit kleinlicher Herabwürdigung des Unterlegenen. Freudefeiern und Siegesjubel waren ihm höchst willkommene Anlässe und Berechtigungen, seinen Napoleon auf der Bühne einer breiteren und bereiteren Öffentlichkeit zu präsentieren.

Effekthascherisch und modisch feinfühlig hatte auch er sich in den allgemeinen Taumel des literarischen Feldzuges gegen den Korsen gestürzt. Aber seine Stellung zu Napoleon, die Verachtung und Abscheu für alles, was der Kaiser tut und sagt, all das entspringt nicht etwa derselben Quelle wie die hohe Kämpferfreude und edle Vaterlandsliebe der Freiheitssänger. Kotzebues Tendenz und Trieb zu bemäkeln hat nichts gemein mit dem frohen Schlachtenruf der Körner und Schenkendorf, oder dem starken Haß eines Arndt und gar dem heißen Wutschrei Heinrich von Kleists; Kotzebues Feindschaft gegen Napoleon stand und fiel mit seinen Beziehungen zu dem glühend verehrten Alexander von Rußland. So konnte Kotzebue in den *„Erinnerungen aus Paris im Jahre 1804"* noch voller Bewunderung und sogar Begeisterung von seinen beiden Unterredungen mit dem ersten Konsul, dem *„gefeierten Helden des Jahrhunderts"*, sprechen, mochte er auch schon damals — anscheinend, um sich für jeden Fall einen Ausweg offen zu halten — bei aller Anerkennung für das Schöne und Gute an Napoleon manches an ihm unerklärlich finden und sich offensichtlich dagegen wehren, zu Bonapartes Schmeichlern gerechnet zu werden. Persönliche Beziehungen und Verhältnisse, nicht überpersönliche Ideale patriotischer oder menschlicher Art, trieben ihn dann in das gegnerische Lager, und er ist zeitlebens Verfechter und Fürsprecher und schließlich auch Opfer seiner russischen Politik geworden. Gerade in den Fest- und Freudenspielen hat er am klarsten und knappsten dieser Russenfreundschaft seinen Dank bezeugt. Denn das entscheidend Neue, das diese Spielchen über die nackten Parodien und Pamphlete in Prosa emporhebt, ist eben das mitfühlend-heitere und frische Bekenntnis zu der „Heldentat“ des russischen Volkes beim Vertreiben der Franzosen und die persönlich-begeisternde Heroenfeier Alexanders von Rußland, in die beide Hauptstücke ausklingen. Dem äußeren Anlaß nach — nicht nach Absicht und erreichter Wirkung — gehörten diese Festspiele somit rein äußerlich und gattungsgemäß zunächst zu den Befreiungsspielen und Freudefeiern schlechthin, etwa Goethes *„Epimenides Erwachen“* und später Hauptmanns *„Festspiel in deutschen Reimen“*. Wie diese erwachsen aus einer allgemeinen, breiten Öffentlichkeits- und Augenblicksstimmung, sollen sie ursprünglich allein der Erinnerung und leibhaften Vergegenwärtigung gemeinsamer Ruhmestat und froher Siegesfreude dienen: zugleich als Mal des Gedenkens an erlittene Schmach und des Dankes für die Freiheitskämpfer und ihre Führer. Aber nur einmal, in seinem ersten Stück, dem *„Flußgott Niemen“*, von dem alle folgenden Spiele nur künstlich gezüchtete Ableger sind, vermochte Kotzebue seine Freude am Sieg, wenn nicht frei und froh auszusingen — dazu besaß er nicht genügend Freude und Sangeskraft —, so doch wenigstens andeutend zu veranschaulichen; hier nur hat er sein Urteil über Napoleons Wesen und Werk — so eng und flach es sein mag — mit einem Zug herber Entschiedenheit im Haß, klarer Bitterkeit im Hohn und scharfer Würze in der Ironie in sein *„Freudenspiel“* einzubeziehen gewußt. Aber schon dieses Werkchen spiegelt in erster Linie die ganze Hohlheit, Flachheit und falsche Zudringlichkeit von Kotzebues Napoleon-Haß. Selbstverlogenheit und eitle Überspanntheit seines Wesens kommen weit sicherer und echter zum Ausdruck als die dürftigen Äußerungen der Frische und Freiheit, die zwar äußeren Anlaß zur dramatischen Behandlung Napoleons schufen, für Kotzebue aber nur Mittel zum Zweck, Rahmen oder Füllsel blieben.

Mit ähnlich tendenziösen und zeitbedingten Absichten, aber andersgearteten menschlichen Voraussetzungen und künstlerischen Gaben, wie Kotzebue, trat Friedrich Rückert (Freimund Raimar) an die satirisch-komische Behandlung von Napoleons Leben und Leid heran. Bei seiner Freiheitsbegeisterung konnte es auch ihm nicht um menschlich-nahe Ergründung der echten Seelenkräfte und Herzensschwingungen des „verhaßten Unholds“ Napoleon zu tun sein, aber bei seinem Sinn und seiner Kraft für schöne Form bot ihm das reiche Tatenleben Stoff genug zu einer launigen und leichtbeschwingten *„Politischen Komödie“*.

Dabei lockte und lenkte ihn eifrige Formensuche und feinfühliges Anpassungsbestreben in ganz ähnlicher Weise wie Kotzebue seine sensationslüsterne Theatermache.

Rückerts Verhältnis zu Napoleon stammt aus einer glühenden Freiheitsliebe und ist mehr bedingt durch Stimmungen und Strömungen, wie sie im Volke, in der Anschauung des gemeinen Mannes leben als durch einen tatenbegeisterten Haß dem Korsen oder einen ruhegeißelnden Hohn seinen eigenen Landsleuten gegenüber.

Wie bei allen volkstümlicheren Freiheitsdichtern und Napoleonhassern (bei den Romantikern, Gentz etwa, Adam Müller und vielleicht auch Friedrich Schlegel, rührt die Napoleonfeindschaft aus abstrakteren und unpersönlicheren Voraussetzungen her) bedeutet auch für Rückert Freiheit des Vaterlandes Befreiung vom Tyrannen, Vernichtung Napoleons, nur mit dem beträchtlichen Unterschied, daß Rückert mehr die Befreiung verherrlicht, als die Vernichtung verlangt, mehr die Deutschen mahnt als die Franzosen schmäht. Rückert ist nicht der frohe Kämpfer wie Körner, nicht der starke Hasser wie Arndt, nicht der heiße Wüterich wie Kleist oder gar der hämische Mäkler und Mucker wie Kotzebue; er ist Freiheitssucher, -wünscher und zugleich -verkünder. Von dieser Freiheitsliebe und Sehnsucht, von dem Ahnen und Wissen um den Wert der Freiheit, springt erst der erste Funke des Hasses auf den Vernichter und Räuber dieses hohen Gutes, auf Napoleon über: nicht weil Rückert Napoleon haßt, liebt er die Freiheit (wie Kotzebue), sondern weil er die Freiheit liebt, haßt er Napoleon. Schon in den patriotischen Gesängen, den *„Deutschen Gedichten"* von Freimund Raimar und im *„Kranz der Zeit"* ist Rückert, wie später in seiner gesamten Dichtung mehr kunstvoller Former alter Anschauung als idealbeschwingter Verfechter neuen Strebens. Nicht eine neue Art des Ansporns, Aufrufs oder der Mahnung ist bei ihm das Primäre, sondern erst die neue zwingende Form und zweckmäßige Fassung dieser gegebenen und von anderen, kämpferischeren und dringlicheren Geistern übernommenen Inhalte.

Von der Form und ihren Forderungen her hat Rückert auch den Napoleonstoff geschaut, wie Kotzebue von den Bedürfnissen des Publikums, aber ohne Kotzebues eigene Neben- und Sonderabsichten. Deshalb gibt Rückerts politische Komödie (umfassend *„Napoleon und der Drache"*, *„Napoleon und seine Fortuna"*, *„Der Leipziger Jahrmarkt"*) wohl das stofflich weiteste Zeugnis von Rückerts Napoleonauffassung, aber nicht zugleich das seelisch dichteste Bekenntnis von Rückerts Stellung zu dieser ihn tief bewegenden Frage.

Waren seine *„Geharnischte Sonette“* und auch der zweite Teil des *„Kranz der Zeit“* immerhin noch als unmittelbarer Niederschlag primärer Zeiterlebnisse oder wenigstens übermittelter und allgemeingültiger Stimmungen und Forderungen, gleichsam als Gebot der Stunde, niedergeschrieben, so glaubte Rückert bereits nach dem Siege der Verbündeten und der Niederlage des verhaßten Korsen das Bild der Zeit von Napoleons Aufstieg bis zu seinem Ende in einer Komödie festhalten und höchst eigenmächtig ummodeln zu dürfen. Die „Komik“ besteht in den Napoleonstücken Rückerts freilich nicht wie bei Kotzebue in der Darstellung einer grotesken Situation oder der Verhöhnung und Vernichtung, Entstellung und Entweihung irgendwelcher hohen Ziele und Ideale Napoleons; sie entspringt lediglich der allegorisch-mimischen Umsetzung abstrakter Begriffe und Beziehungen in bühnenmäßig verwertbare, komik- und satire-erzeugende Körpererscheinungen, wie den Geist der Zeit, den Gallischen Hahn und den Leoparden St. Georgs. Napoleon selbst ist an sich keine komische Gestalt (wie das Kotzebue angestrebt hatte), sondern lediglich in diesen komischen Gesamtkomplex hineingestellt, unverschuldet und unbewußt, mehr passives Objekt dieser Irrungen und Wirrungen als von sich aus Raum und Handlung, d. h. Komik schaffend: im ganzen eher der fluchbeladene Träger eines schicksalbestimmten Verhängnisses als der ruchlose Übeltäter und verhaßte Antichrist.

Aber ein, wenn auch noch so verschwommenes, Bild des echten Napoleon schaut aus diesen Karikaturen nicht mehr hervor, ebensowenig wie aus Kotzebues Pamphleten und Possen: hier wie dort ist Napoleon im Grunde doch nur noch ein frecher Bösewicht oder ein großsprecherischer Tölpel.

Beiden, Kotzebue wie Rückert, fehlt die durchdringende Wärme und zugleich die erhabene Ferne zu ihrem Stoff, beiden war gerade diese Behandlungsart keine innere Notwendigkeit und kein seelisches Bedürfnis. Kotzebue wiederholte in seinen Freuden- und Befreiungsfeiern seine Abscheu gegen Napoleon zum soundsovielten Male, ohne auch nur den pazifistischen Weiheton oder die selbstherrliche Krittelei seiner Prosaschriften annähernd in gleicher Frische und Glätte zu erreichen. Rückert suchte den bereits erkaltenden Haß gegen den Unterdrücker durch frischen Witz und forschen Spott mehr zu dämpfen und spielend zu verflüchtigen, als in seiner ganzen Härte und kämpferischen Frische zusammenzufassen. Rückerts „Politische Komödie“ ist eine formale Spielerei, ein frischer Sport im Sinne der romantischen Satiren, aber weniger als diese durchsetzt mit einem „treffenden Witz oder einem leichten und freien über den Dingen stehenden Humor“. wie die Stücke des Altmeisters Aristophanes selbst.

Als Ganzes betrachtet bleibt Rückerts „*Politische Komödie*" immerhin gegenüber Kotzebues Possen und Situationskomödien für die dramatische Bearbeitung Napoleons beachtenswert als erster Versuch, die Gesamtlaufbahn des Korsen in ihren Hauptetappen darzustellen, für die deutsche Lustspielliteratur als erster Ansatz zu einer Form der „*Politischen Komödie*".

Im Zusammenhang mit der deutschen Gesamtliteratur und Geistesgeschichte allerdings kann sie ebensowenig wie Kotzebues Pamphlete als dramatisch-komische Verarbeitung bedeutsamer zeitgemäßer Stimmungen und Strömungen gelten: neben Arndts, Fichtes, Görres', Kleists Wort und Werk, neben Schenkendorfs und Körners Sang und Ruf, ja selbst neben seinen „*Geharnischten Sonetten*" wird dieses Werk immer als ein gewaltsam gewolltes, erzwungenes Produkt eines phantastischen Spieltriebes erscheinen und verschwinden neben dem freien Herzengewächs dieser begeisterungserfüllten Kämpfer und idealbeschwingten Sänger.

ZWEITER HAUPTTEIL: NAPOLEON ALS MYTHISCHE GESTALT UND ALS POLITISCHER HEROS.

I. Kapitel: Entstehung eines Mythos.

Mit dem zweiten und endgültigen Sturze Napoleons fand der kämpferische Geist der bedeutenderen deutschen Zeitgenossen, der stärksten und echtesten Hasser des Korsen (Arndt und vor allem Görres), Betätigung genug in der Kritik an Problemen der innerdeutschen Politik. Napoleon stand nicht mehr im direkten Mittelpunkt des Weltgeschehens, seine politische Erscheinung und Wirkung schien vergessen neben den Fragen, die jetzt die tieferen Geister unter seinen Gegnern beschäftigten. Der gemeine Mann jedoch mochte unter dem Druck der Reaktion und Restauration in frischer Erinnerung der Tage des abenteuerlustigen Volks- und Soldatenkaisers gedenken, der seine Phantasie noch regen und seinen Sinn für Kraftvolles, Hohes und Ganzes noch erfüllen und nähren konnte gegenüber der schwachen Halbheit und flachen Starrheit seiner Bezwinger. Tiefere Gemüter und weitere Geister aber hatten schon früher, unabhängig von den dumpferen und verworrenen Stimmungen und leichteren Unterströmungen im Gesamtgefüge des Volks, plötzlich mit dem Sturze Napoleons — gleichgültig, ob sie früher napoleonfreundlich oder -feindlich waren — entweder in religiöser Einfalt und frommer Gottgläubigkeit den unglücklichen Kaiser christlich bemitleidet (Immermann, Platen) und waren so zu einer vorurteilsfreieren Auffassung seines Wesens gelangt, oder aber sie hatten auch dem Manne des Staatsstreiches und dem unersättlichen Zerstückler der Welt ihre alte Bewunderung erhalten und noch über Sturz und Verbannung hinaus weiter oder gerade deshalb stärker gezollt.

Goethe vor allem hat aus innerem, seelischem Zwang heraus Napoleons Bild zu veredeln und zu vergeistigen unternommen, und zwar gerade zu einer Zeit, wo alle Welt den Korsen nur als Höllensohn, Nationenzermalmer und Menschenschinder bekämpfte oder begeiferte. Von allen Vergötterern und auch Verdammern Napoleons hat keiner (Nietzsche vielleicht allein auszunehmen) ein solch klares, einheitliches, kompaktes und konsequentes Bild von Napoleon entworfen. Mochten die Zeitgenossen sich berauschen an den märchenhaften Wundertaten des jungen Generals (Friedrich Schlegel), mochten sie sich begeistern für die glückverheißenden Fähigkeiten des ersten Konsuls (Wieland) oder auch sich beschweren über die brutale Thronusurpation des Kaisers (Gentz): Goethe schwieg zu all dem. Erst als das napoleonische Gestirn im schönsten, vollsten Glanze seiner Herrlichkeit über ganz Europa erstrahlte (nach Austerlitz), da erst begann Goethe, die Wärme und Wonne dieses gewaltigen Meteors wohltuend zu verspüren; erst als die Völker stöhnten unter dem Joch des Tyrannen und ihn mit blindem Haß verfolgten, da erst unternahm es Goethe, Höhe und Stärke und urgewaltige Besonderheit des genialen Korsen in trautem Kreise zu verkünden und zu verteidigen. Über ein Vierteljahrhundert hat der greise Dichter dieses hohen Amtes gewaltet mit jugendfrischer Inbrunst, weisheitsvoller Tiefe und ernstem, heiligem Beruf: denn er allein unter den Zeitgenossen war Napoleon kongenial und ebenbürtig, als Seher und Gestalter der inneren Weltkräfte und Seelenmächte artverwandt ihrem Beweger und Nutzer, als Dichter des Wortes gleichwertig dem Dichter der Tat.

Unabhängig von Zeit und Zeitgenossen, ganz auf sich allein gestellt und in sich hineinhorchend, hat Goethe sich seine Maße und Werte für die Beurteilung Napoleons geschaffen. Aus zwei verschiedenen, wenn auch wechselseitig sich bedingenden Sichten, gegenseitig sich speisenden Quellen stammen diese Wertmaßstäbe: einer schwächeren, zeitnäheren: der Abneigung Goethes gegen die französische Revolution, und einer tieferen, fruchtbareren, zeitentbundenen, ur- und nurgoetheschen: seiner Auffassung von Genie und Produktivität. Mußte schon Goethes angeborene Abscheu gegen eine Pöbelherrschaft, verbunden mit seiner ebenso tief angestammten Ablehnung gegen alles gewaltsam Gewollte, Getriebene, Gezüchtete, Unorganische und Unharmonische seinen Glauben an das große, leitende Individuum, an die reife Persönlichkeit gegenüber der revolutionären Masse beleben und damit eine Beurteilung Napoleons günstig gestalten, so bedeuten doch erst die — gerade an und durch Napoleon gewonnenen — Gesichtspunkte von Genie und Produktivität die bestimmenden Faktoren des Goetheschen Napoleongesichtes. Dem Bändiger und ordnenden Erben der alles verwirrenden Revolution, den Goethe, wie vor ihm hundert andere in aller Welt, feiert, steht zur Seite: das Genie, d. h. die in einem Menschen verkörperte Kraft und der gewaltige Wille, ganz Er selbst zu sein, die Produktivität, d. h. die immer erleuchtete, immer klare, immer entschiedene, fortzeugende Energie, welche Taten schafft, *„die vor Gott und in der Natur sich zeigen können, und die eben deswegen Folge haben und von Dauer sind"*. Von dieser hohen, zeitentrückten Warte aus betrachtet Goethe den Kaiser, und er findet in ihm *„den größten Verstand, den die Welt je gesehen"*, *„das Kompendium der Welt"* und vor allem neben Shakespeare, Rafael, Mozart, Luther, Friedrich und über sie hinaus *„einen der produktivsten Menschen, die je gelebt"*. Dabei kümmert ihn nicht, was Napoleon im einzelnen alles tut (wenn er auch bisweilen gern Anekdotisches aus seinem Leben berichtet als Beispiel, Beleg oder Mahnung), sondern wie er etwas tut oder warum er etwas so tun muß. Nicht der Staatsmann, Eroberer, Soldat und Politiker packt ihn in erster Linie, sondern der Mensch und Genius. Die verwandte Seite in Napoleons Wesen, das Künstlerische in der Art seines Handelns, das Geschlossene in seiner Persönlichkeit und seinem Charakter, der dämonisch-übermenschliche und übermoralische Zug seines Genies, die nie dagewesene und nie wiederkehrende Existenz, Erfüllung, Ausgestaltung dieses herrlichen Urphänomens Napoleon: das war es, was Goethe unverwandt und magnetisch gebannt auf Napoleon seine Blicke richten ließ. Hier fand er zum ersten und einzigen Male einen Geist gleicher Höhe und gleichen Ranges, verschieden nur durch die Materie, an der er seine produktive Schöpfergenialität auszugestalten von Natur aus geschaffen war. Der Kern, der Trieb, der Geist war derselbe, nur der Stoff, die Form, die Erscheinung verschieden.

Auf Goethes eigentliche künstlerische Produktion hat Napoleon so gut wie gar keinen entscheidenden Einfluß ausgeübt: das *Gedicht an Marie Luise* ist das einzige bedeutendere Dokument einer dichterischen Auswertung seiner Napoleonanschauung, des *„Epimenides Erwachen"* bleibt lebloses Symbol und noch dazu Gelegenheitsdichtung, ohne tieferen seelischen Bezug (wenigstens soweit Napoleon in Frage steht), der *„Fünfte Mai"* mittelmäßige Übersetzung der formvollendeten Ode Manzonis ... und wie weit Goethe sonst noch in kleineren Sprüchen und Gedichten, in der fragmentarischen „*Achillëis*“ und im Buche „*Timur*“ des Divan wirklich Bedeutungsvolles für sein Verhältnis zu Napoleon geschaffen hat, darüber mögen gelehrte Goethephilologen streiten. Goethe jedenfalls hat sein Napoleonbild in Unterhaltungen mit Riemer, Müller und namentlich Eckermann festgelegt, in längeren oder kürzeren Bemerkungen, wie sie später Nietzsche in Mode gebracht hat, der ihm auch in Auffassung und Tiefe der Betrachtung am nächsten kommt. Für Nietzsche jedoch — und darin unterscheidet er sich von vornherein ganz wesentlich von Goethe — war Napoleon nicht mehr und nicht weniger als der Antrieb zur Konzeption seines Übermenschen und zugleich die zeitlich nächste und richtigste Erfüllung dieses Übermenschenideals, für Goethe dagegen war der Korse die imposanteste und erhabenste Figur, die ihm in seinem reichen Leben begegnet ist und deshalb die seelisch nächste und geistig verwandteste Erscheinung seines Zeitalters. Für Nietzsche also blieb Napoleon nur noch historische Remiszenz und philosophisch-theoretische Abstraktion, wo er für Goethe Verwandter und Bruder war: aus der gleichen Urzelle gezeugt und mit den gleichen Stoffen genährt, nur bestimmt oder begabt für ein anderes, formverschiedenes Feld der Betätigung.

Uns gilt immer noch Goethes Napoleonbild als bedeutungsvolles Zeugnis des Nächsten und Höchsten, und über Nietzsche hinaus hat man bis auf den heutigen Tag (besonders im Kreise Stefan Georges) diese Goethesche Sicht und Würdigung vom produktiven Genius und künstlerischen Heros Napoleon bestätigt und weiter zu bekunden gesucht.

Indes Goethe wollte, eben weil er aus gleicher Höhe stammte, weil er dem politischen als künstlerischer Heros eine gleich starke Welt und gerundete Ganzheit entgegenzustellen hatte, nicht der öffentliche, populäre Verkünder der Höhe, Stärke und Macht oder auch der Tragik des bewunderten Heldenkaisers werden. Es bedurfte einer größeren Ferne, weniger einer zeitlichen, als einer persönlichen, wesensverschiedenen, einer tiefen Scheu und begeisternden Vergötterung statt der gleichen Schau und stummen oder doch nur leisen Verehrung, um den lauten Künder und echten Sänger einer napoleonischen Legende zu zeugen.

Der Vermittler zwischen diesem ernsten, hohen und einsamen Mythos und jener weiteren, breiteren und lässigeren Legende ward Lord Byron (Mythos bedeutet für uns selbstgenugsame, nachschaffende Neugestaltung eines seelisch Verwandten, Legende zweckbestimmte, analysierende Betrachtung eines mythenzeugenden Täters, seines Werkes und seiner Wirkung).

Nach Goethe die reichste dichterische Kraft seiner Zeit vereinigt Byron in sich etwas von der mythisch-zeitentrückten Heroenschau

Goethes mit dem enthusiatischen Freiheitsrausch der französischen Romantiker oder der Jungdeutschen, beides obendrein noch durchsetzt mit einem eigenartigen, urbyronischen Spleen: dem Neid auf Napoleons gewaltige Taten und reale, sichtbare Leistungen. Zwischen diesen drei Polen schwankt sein Napoleonbild auf und ab, ein Spiegel seiner jeweiligen Stimmung, erfüllt mit Zuckungen und Zerrungen, durchsetzt mit Flüchen und Lobeshymnen in gleicher Weise für Napoleon wie für seine Bezwinger. So ist der Korse bald der Freiheitsbringer, bald der Freiheitsräuber, bald der große Held und Titan (im Vergleich zu Wellington und Blücher), bald der eitle Tyrann und Despot (im Vergleich zu Byrons Freiheitsidealen). Vom ersten Gesang des „*Childe Harold*" über die Andeutungen im „*Don Juan*" und der „*Bronzenen Zeit*" hinweg bis zur „*Ode to Napoleon*" läßt sich Byrons Napoleonauffassung kennzeichnen nicht durch ein Hassen oder Verabscheuen, sondern durch ein eigenartiges, mehr oder weniger dumpfes Grollen und Schmollen, entsprungen einerseits aus seinem störrigen, uraristokratischen Britentum und andererseits diktiert von Byrons höchst individuellem Freiheitsbegriff oder Freiheitsbedürfnis. Ohne die klare Kraft und die ruhige Sonde Goethescher Kontemplation, andererseits aber kritisch erhaben — wenigstens bei der Betrachtung Napoleons — über den rückhaltlosen Überschwang und den romantisch beschönigenden Rausch der freiheitsdurstigen Bonapartisten bildet der britische Lord — bald vergötternd, bald verdammend, immer aber schwankend, beweglich, impulsiv — recht eigentlich den Übergang, die natürliche Brücke von Goethes zeitlos erhabener Mythe zur politisch-zweckbedingten und zeitverhafteten Legende Napoleons.

II. Kapitel: Vom Mythos zur Legende.

Der Schöpfer dieser napoleonischen Legende ist Béranger. Er zuerst hat den Mann mit dem grauen Überrock und dem dreieckigen Hütchen klar und einfach zur volkstümlichsten Figur verdichtet, er zuerst hat die Luft um den Kaiser mit den naivbegeisterten Gestalten des kaiser- und nurkaisertreuen Grenadiers und Invaliden durchsetzt, er endlich hat zuerst jene weihevoll verklärte, erhabene, übernatürliche Atmosphäre ausgestrahlt, um den ruhmspendenden Volks- und Soldatenkaiser, den herrschgeborenen, löwenmutigen, göttergleichen Helden und vor allem um den edlen Toten von St. Helena: mit einer Feinheit und Leichtigkeit, männlichen Biederkeit und ehrfürchtigen Scheu wie keiner vor ihm und nur wenige nach ihm. Aber Béranger hat damit zugleich den selbstgenugsamen, überpolitischen und überparteiischen Heros in den leidenschaftverblendeten Kampf selbstischer Partei- und Politikwirtschaft hinabgezerrt: er hat den bildträchtigen, fortzeugenden Mythos der seelischen Mitte und des verwandten Mittlers vereinfacht und verflacht zur arabeskenhaften, spielerischen Legende der äußerlichen Peripherie des enthusiastischen Anbeters oder Anklägers. Die Politik ist so die wegweisende Richtlinie für den Rahmen des Napoleonbildes der künftigen Jahrzehnte geworden und Nietzsche erst hat diesen Rahmen (der nur zur Legende Raum schuf) durch einen neuen Mythos zersprengt.

So rückhaltlos, klar, leicht und frei wie Béranger hat keiner im damaligen Frankreich den Napoleonkult betrieben und in den breitesten Massen gefördert, weil keiner so wahrhaft Volksmann und Volkskenner war wie der bieder-ehrliche, sangesfrohe Chansonnier.

Lamartine, als begeisterter Jünger Chateaubriands, dem Korsen eher Feind als Freund, gesteht sich bei aller Bewunderung für das Genie des „*großen Mannes*" eine unauslöschliche Abneigung zu gegen den brutalen Despotismus dieses „*Militär-Genies*", gegen diese bloße Kraft ohne Religion, ohne Sittlichkeit und ohne Freiheit, ohne Menschensinn und Menschenwürde.

Auch Victor Hugo, an produktiver Formungskraft, Reichtum des Wortes, bildträchtiger Phantasie, erhabenem Pathos und symbolhaft-allegorischer Reflektionslust seine Landsleute überflügelnd, ist nicht immer ein stetiger und aufrechter Bewunderer des Korsen gewesen. Ebensowenig wie Byron, an den er weit eher erinnert als an irgendeinen Napoleonsänger vom Schlage Bérangers, hat er ein allerletztes offenes Urteil über den Kaiser gesprochen, mochte er ihn auch noch so sehr als „*der Menschheit Stolz und Wonne*" preisen, ihn feiern als „*gekrönt, ruhmvoll, hehr, wie Karl der Große war, und erhaben wie Cäsar*". Wie kein anderer den mannigfaltigsten Schwankungen seiner politisch reichbewegten Zeit unterworfen, dabei bald visionär-prophetisch, bald historisch-reflektierend, bald byronisch-schmollend, hat Victor Hugo von den verschiedensten Gesichtspunkten aus die Gestalt Napoleons zu erfassen gesucht: dem jungen Legitimisten ist er ein Tyrann, Rebell, Ungeheuer, ein übermütiger Frevler und ruhmsüchtiger Emporkömmling, dem romantisch-pathetischen Patrioten wird er dann Frankreichs Ruhm, Stolz und Größe, dem philosophisch-humanistischen Betrachter schließlich Fürst, Genius, Kaiser, Märtyrer. Ein klares, festgeschlossenes Bild, ein harmonisch gerundetes Ganzes freilich hat Victor Hugo damit nicht geboten: er hat eher die verschiedenen Strahlungen, Reflexe, Brechungen und Dämpfungen, die von dem Lichtkomplex Napoleon (das war er zum mindesten für Hugo) ausgingen, liebevoll zu verfolgen unternommen, als daß er diesen Riesenkomplex selbst zu analysieren oder synthetisch zu rekonstruieren gewagt hätte.

Allein Stendhal, weniger naiv volksverhaftet als Béranger, weniger kalt als Lamartine, weniger visionär, prophetisch und reflektierend als Hugo, dabei schärfer zupackend, klarer ordnend, seelischer durchstrahlend und begabt mit einer feinen epischen Gestaltungskraft und psychologisch-zarten Durchleuchtungskunst, hat sich aus innerem Zwang heraus dieser hohen Aufgabe gewidmet. In seinen großen Zeitromanen allerdings hat er nicht im mindesten dahin gezielt, den Korsen selbst — den er näher und richtiger kannte als Béranger, Lamartine oder Hugo — heraufzubeschwören, sondern hier hat er sich lediglich bestrebt, die feinsten Fäden der damaligen Gesellschaften und Parteien klar und glatt zu entwirren, um im bunten Rahmen solcher gesellschaftlichen und politischen Rankune seine jugendlich napoleonberückten Helden sich tummeln und taumeln zu lassen. Klingt schon hier, in den Gestalten von Lucien und Fabrice etwas an von der erhabenen Leidenschaftlichkeit und unbedingten Wertschätzung, die Stendhal diesem *„außerordentlichen Mann"* entgegenbringt, so bilden doch erst die *„Denkwürdigkeiten über das Leben Napoleons"* den eigentlichen Niederschlag seiner langjährigen Beschäftigung mit dem Menschen und dem Werk. Mit dem ganzen tiefen Reichtum seiner *„hochgestimmten Seele"* versenkt sich Beyle in die kleinsten Details der napoleonischen Schlachten und Siege, immer voller Bewunderung für Napoleons seltene Gaben und Taten, seine Seelenstärke und Tapferkeit, seinen unbegrenzten Scharfsinn und seine raschbeschwingte Einbildungskraft. Mit der Besetzung Venedigs (16. Mai 1797) schließt für Stendhal der poetische Abschnitt, die heroische Epoche von Napoleons Leben, d. h. die Zeit, *„wo alles bei dem jugendlichen Helden von vollendetem Adel war"*. Dürftige Skizzen, kaum Anekdoten über den Konsul und Kaiser hängen sich unvermittelt an diese eingehende Darstellung an und verhindern durch ihre Unvollständigkeit, daß dieses Werk das Äquivalent zur britischen Haßbiographie von Walter Scott hat bilden dürfen. Stendhal vielleicht, mehr Italiener als Franzose der Gesinnung und der Stimmung nach, hätte nämlich auf künstlerischer Basis ein wissenschaftlich-historisches, zeitverbundenes und doch allgemein gültiges Napoleonbild schaffen können. Denn in der historisch-fundierten Lebensgeschichte (zunächst Tatsachendarstellung, Klärung, Aufhellung der großen weltgeschichtlichen Zusammenhänge) liegt von nun an mehr und mehr die klare Skala für die jeweilige Beurteilung Napoleons, besonders in Frankreich von Thiers und Taine bis herab zur Legendenzerstörung Pierre Langfreys.

In Deutschland vor allem, wo neben den allgemein-freiheitlichen und weltanschaulichen Idealen das besondere nationalpolitische Element eine eigenartige Verquickung und Überlagerung dieser Hauptschichten der Napoleonbeurteilung bis in unsere Tage hinein bewirkt hat, ward erst der Tod des Korsen der äußere Anlaß und erwartete Ansporn, verhaltene Empfindung für den gestürzten Kaiser, glühende Begeisterung für den bewunderten Heros, gerechtes Maß für Tat und Werk des historischen Menschen zu finden und laut zu verkünden. Jetzt erst wurde hier die Luft geregt für eine umfassendere, weitere, allgemeinere und realere (um nicht zu sagen objektivere) Beachtung und Betrachtung Napoleons. Geister verschiedenster Lager und verschiedenster Begabung wie Grillparzer und Immermann, Heine und Platen, Grabbe, Gaudy und Zedlitz haben mehr oder minder sich beteiligt, diesen Raum für den Kult des eben noch geschmähten und bekämpften Korsen zu schaffen.

Unter den Schöpfern und ersten Kündern dieses neuen napoleonischen Mythos war es Grillparzer, dem der weiteste kritische Blick, das tiefste historische Sichtungsvermögen, die feinste intuitive Einfühlungsgabe und vor allem die objektivste (nicht die stärkste) dramatische Gestaltungskraft zu Gebote stand. Allerdings hatte auch Grillparzer noch im Jahre 1815 unter dem Eindruck der allgemeinen Zeitstimmung in einem Gedichte „*Der Schiffer und sein Sohn auf der Höhe der Insel St. Helena im Jahre 2315*“ Napoleon als Objekt des Teufels und Spielball seiner ungezähmten, schrankenlosen Ruhm- und Ehrsucht gesehen und warnend auf das verdiente Mißgeschick und schmachvolle Ende des „*im großen wie im schlimmen unerreichten Mannes*“ hingewiesen.

Aber Grillparzer nimmt hier schon andeutend den Kerngedanken der meisten Todes- und Grabgesänge, die sechs Jahre später in allen europäischen Literaturen Mode wurden, vorweg: Byrons „*Du mehr als Mensch, im schlimmen wie im guten*“, sowohl wie zugleich Manzonis triumphierende Glaubensfreude „*das stolzer-höheres Wesen sich dem berüchtigten Golgatha wohl niemals niedergebeugt hat*“. Im allgemeinen bleibt jedoch Grillparzer bei seinem Urteil allzu eng und nah, nur von moralisch-ethischen, allgemein menschlichen Richtlinien bestimmt, ohne psychologisches Bedürfnis oder gar bannenden Zwang, sich in Napoleons individuelle, übermoralisch-heroische Persönlichkeit einzufühlen. Die Mattheit, spießige Hohlheit und zerrissene Halbheit seiner eigenen Zeit ließ ihn dann, wie so viele andere, erst beim Tode Napoleons (1821) die „*Ganzheit, Hoheit, Größe*“ feiern und zugleich resigniert und gereizt hinweisen auf „*Mäkler, Schreiber, Pfaffen in unserer Stückelwelt"*. Aus negativer Kritik an Zeit und Zeitgenossen, aus einer gewissen Verstimmung und Unzufriedenheit heraus hat hier der Dichter Napoleon als den schöpferischen Genius der Tat, als den letzten Sproß aus antikem Heroenstamm, verschlagen in eine unantike, unheroische Zeit, verherrlicht und verteidigt vor den moralistisch-philisterhaften und impotenten Zeitgenossen. Mehr und mehr aber packte und bannte ihn Persönlichkeit, Charakter, seelische und menschliche Artung Napoleons. In den Skizzen „*Zur Geschichte einzelner Persönlichkeiten*" stellt er kurze aphoristische Betrachtungen an über Verstand, Wille, Trieb, Leidenschaft des bewunderten, aber ungeliebten Mannes: freilich im ganzen mehr sachlich-psychologisch als persönlich-intuitiv verfahrend. Bei all dem mochte ihn Kraft und Tat, mächtige Leidenschaft bei ordnendem Verstand, unersättlicher Tatendurst bei klarem Feldherrnblick, riesenhafte Phantasie bei durchdringender Verstandesschärfe mehr fesseln als Napoleons märchenhafter Aufstieg, seine pomphafte Größe und sein tragischer Ausgang.

Gerade dieses Element indes war die Dominante, der zentrale Pol, um den sich Heines Napoleonbild in immer neuen Schwingungen unablässig bewegte. Heine, unter den Deutschen der glühendste Bewunderer und gläubigste Verherrlicher (wenn auch nicht zugleich der tiefste Kenner und umfassendste Deuter) des Korsen, hatte allen voran, gleich Béranger in Frankreich, dem vergötterten Soldatenkaiser in seinen „*Grenadieren*" (1819) ein unvergängliches Ehrenmal gesetzt und im „*Le Grand*" und den „*Nordseebildern*" seine gläubig-tiefe Verehrung für den unglücklichen Heldenkaiser mit einer ebenso bitteren wie wut- und hohnbeladenen Kritik an der schnöden Behandlung des Gefangenen von St. Helena verbunden. Neben ihm empfand Platen den rein menschlichen Zwang und Zauber und die schicksalhafte Aufgabe einer gewaltigen, wunderbaren Persönlichkeit als Rechtfertigung und Verdienst gegenüber zeitlich-kleinlichen Gegenstimmen und schwächlichem Andrängen, ohne jedoch deshalb den Freiheitsbestrebungen der Zeit entsagen zu können oder zu wollen. Zedlitz führte in seinen *Totenkränzen* (1827) ähnliche Gedanken und Gefühle breiter, gesuchter und bewußter aus, halb in der Manier idealbeschwingter Schillerscher Reflexion, halb in der trotzig-junkerlichen Kritik von Byrons Childe Harold; während Immermann ergrimmt wegen der unwürdigen letzten Ruhestatt, die man dem Allgewaltigen in kleinlicher Beschränktheit angewiesen hat, zugleich bekennt, daß man nur staunen und stocken kann vor den „*waltenden Riesenfingern*", die solchen Titanen gestürzt. Ihnen allen — und sie mögen hier als die bekanntesten Vertreter des damaligen deutschen Dichtertums gelten — wenigstens soweit Napoleon in Frage kommt — ist der Korse zunächst und erstlich Maß und Richtlinie ihrer eigenen Zeit, Aufruf zum Vergleich der dumpfen und matten Gegenwart mit der bewegten und starken Vergangenheit. Von diesem Stande und dieser Warte aus betrachten sie Napoleons Gestalt und Erscheinung, Wesen und Bedeutung, und nur für Heine wurde Napoleon daneben, neben solchen politisch-kämpferischen oder kritischen Zielen, selbstgerechtes Eigentum und wohlverdienter Besitz. Selbst Zedlitz' gliedartige Einordnung in die große Kette welthistorischer Helden- und Dichtergestalten gestattete noch Raum und Recht genug für herausfordernde Kritik an dem lauen und flauen Gegenwartstreiben, darin mit Platens und Immermanns Vorstellungen einig. Dieses immerhin negative Element, das sie aus der leeren Gegenwart in eine reichere Vergangenheit hinausdrängte, konnte sie alle jedoch — Heine allein immer ausgenommen — nicht begeistern für ihren Gegenstand, nicht tiefer eindringen lassen in Schicksal und Persönlichkeit Napoleons. Es war noch mehr die gähnende Leere ihrer Umwelt, die sie schreckte, als die reiche Fülle der Seinigen, die sie anzog. Napoleon wurde ihnen nur Weg aus dieser Enge heraus, nicht aber zugleich in seine Weite hinein: das wurde er erst für Grabbe, vielleicht weil er der zeitlich späteste, sicherlich aber, weil er der technisch rascheste und nicht zuletzt der apriori heldenhungrigste und titanensüchtigste unter ihnen war.

III. Kapitel: Mythos, Legende und Politik.

Für Grabbe war es weniger negative Abkehr von der Gegenwart, als vielmehr positive Hinneigung, weniger bewußte Anlehnung, als magnetische Anziehung, weniger Zeit und Verhältnisse, als Gestalt und Erscheinung Napoleons, die ihn bannen mußten, und ihm Kraft und Lust verliehen zur ersten, wirklich leiblichen Zurschaustellung und realhistorischen Darstellung Napoleons als dramatischer Gestalt an Stelle der bisherigen zagen, versteckten Einkleidung und wirklichkeitfernen Umsetzung der zeitgenössischen Dramatiker.

Denn von der Bühne her und ihren Absichten hatte man schon zu Zeiten der höchsten Kaisermacht Napoleons allgemeine Züge seines Wesens und äußere Merkmale seines Herrschertums dramatisch abzukonterfeien oder wenigstens in historische oder sagenhafte Gestalten früherer Zeiten einzuschmuggeln unternommen. Napoleon war freilich diesen Dramatikern nicht mehr als der *„Normaltyrann“*, die *„Gottesgeißel“* oder bestenfalls anschaulichste und klarste, weil nächste, Verkörperung eines überragenden Großen, eines Welteroberers und

Despoten. Mochte er nun im Gewande eines unbesiegbaren Kriegers und gefürchteten Heerführers oder als jäh getriebener Eroberer und unaufhaltsamer Weltstürmer gesehen und gestaltet sein: immer war er nur Anstoß, Mittel, Idee, nicht zugleich auch Verwirklichung, Selbstzweck, Realität. Zacharias Werner hatte schon 1808 in diesem Sinne von Napoleon typische Züge und allgemeine Maße zu seinem Attila geborgt, weniger freilich bei der Darstellung der weichen Empfindsamkeit und priesterähnlichen Gewissenhaftigkeit Attilas als bei der Vorführung seiner unmäßigen Greuel und Frevel, ohne jedoch dadurch seinen geschlossenen dramatischen Charakterhelden mit mehr als äußerlichen Anklängen und typenhaften Anzeichen Napoleons umkleiden zu können. Darüber hinaus ging auch Theodor Körner nicht, wenn er auch in der Beurteilung Napoleons im Gegensatz zu Zacharias Werner keinerlei Schwanken kannte. Wie Zacharias Werner im Attila, so zeigte Körner in der Gestalt seines Soliman einen weltgeschichtlich Großen als Tyrannen und Gottesgeißel, ausgestattet einerseits mit satanischer Gier und fanatischem Haß, andererseits hingegen beschwingt von dem hohen Stolz und bewußt der schweren Bürde eines schicksalhaften Weltenherrschers. In die zeitbedingten Interessen und idealen Ziele allerdings, die Körner hier ganz ähnlich wie Kleist in seiner Hermannschlacht verfolgte, vermochte der mystische Gottschwärmer und Schicksalanbeter Werner seinen Attila nicht einzubeziehen, und sein getreuer Nacheiferer auf dem neuentdeckten Gebiete der Schicksalstragödie, Adolf Müllner, konnte und wollte es mit seinem „*Yngurd*“ (1817) ebensowenig, denn auch in Müllners wikingerhaftem Normannkönig Yngurd mag man Anklänge an Napoleon aufspüren. Aber dieser nordische Bauernsohn, der sich durch sein Schwert eine Königstochter und ihr Reich erstritten, der, wenn auch durch ständische Wahl zum Herrscher erhoben, von Sieg zu Sieg eilen muß, um durch Schlachtenruhm den Mangel angestammten Rechtes und Blutes zu verschleiern, dieser mehr gefürchtete als geliebte Regent, trägt doch auch nicht mehr allgemeine Merkzeichen und äußerliche Reminiszenzen des Generals und Konsuls Bonaparte an sich als Körners Soliman Hinweise auf den Weltenzerstörer und herrschsüchtigen Kaiser Napoleon. Der Schicksalsdramatiker Müllner konstruiert in seinen Yngurd etwas hinein von dem übermenschlichen Zwang und unfaßbaren Zauber einer „*geborenen*“ Herrschergestalt, aber er läßt seinen Yngurd fallen, weil er sich dem Satan verkauft und einen meuchlerischen Schwagermord auf sich geladen, nicht weil er seinen „*Dämon*“ ausgelebt und seine Schicksalsmission erfüllt hat wie Napoleon. Müllner und Werner — von Körner ganz zu schweigen — standen noch zeitlich der wirkenden Gestalt Napoleons zu nahe, als daß sie für ihre Zwecke mehr als das Typische, Allgemeine, Unpersönliche, Beispielhafte an seinem Wesen und Wirken hätten fassen können. Sie nutzten deshalb seine Persönlichkeit nicht als hohen Wert und sein Schicksal nicht als tiefes Maß für ihren Attila und Yngurd, sondern suchten nur die ähnliche Beziehung und gleichartige Bedeutung, denn sie fühlten noch nichts von der einmaligen Besonderheit und der überragenden Unvergleichlichkeit Napoleons: das vermochte erst Grillparzer.

Aber selbst Grillparzer noch schreckte davor zurück, den bereits verklärten und allseits gefeierten Kaiser im ganzen Rahmen seiner noch allzu frischen politischen Wirksamkeit, im ganzen Reichtum seiner farbigen Tage und mächtigen Taten leibhaft darzustellen — so sehr sich auch die meisten seiner Dramenentwürfe, Skizzen, Exzerpte seit 1810 mit dem Problem des Tatmenschen, Führers, Eroberers und Herrschers beschäftigen mochten: von dem Hinweis auf Cromwell über Brutus, Marius und Sulla, Pompejus und Cäsar bis zu Herodes ... und so sehr auch gerade Napoleon Grillparzers Sehnsucht nach dem Großen, Gewaltigen, Ganzen und Fertigen geweckt, geweitet, vertieft und verstärkt haben mochte. In Leben und Gestalt König Ottokars II. von Böhmen hoffte der Dichter dann einerseits ein festes und enges Band der entscheidenden Verhältnisse und Ereignisse, d. h. eine einfache und konkrete Möglichkeit dramatischer Behandlung dieses Stoffes zu finden; andererseits sah er in der Gründung der Habsburger Monarchie, die aus Ottokars Untergang hervorging, *„eine unbezahlbare Gottesgabe für einen österreichischen Dichter"*, der den patriotischen Bedürfnissen der Reaktionsmänner Rechnung tragen mußte oder wollte, ohne jedoch deshalb seine ursprüngliche Absicht, die Darstellung eines napoleonähnlichen, napoleonverwandten Charakters, beiseiteschieben oder gar gänzlich aufgeben zu müssen.

Aber bei aller äußeren Übereinstimmung und scheinbaren Ähnlichkeit zwischen Ottokars und Napoleons Lebenslauf und Schicksal kannte doch Grillparzer den ungeheueren Abstand beider in seelischer Artung und menschlichem Wesen, in welthistorischer Größe und Bedeutung zu genau, als daß er im Ottokar geradezu Napoleons Schicksal hätte schildern wollen, d. h. Ottokar nur Maske und Hülle für einen nicht bühnen- und zensurfähigen Napoleon hätte bieten sollen. Ottokars Gegner, Rudolf von Habsburg, birgt in Wesen, Art und Haltung (nicht in äußerem Geschick) mindestens ebensoviel Napoleonisches wie Ottokar selbst. Beide zusammen entsprechen erst dem Bilde, das sich Grillparzer von Napoleon entworfen: Rudolfs ordnender Verstand und

Ottokars wilder Wahn sind bestimmende Kennzeichen des *„verständigsten Wahnsinnigen“*, den Grillparzer in Napoleon glaubte sehen zu dürfen; Rudolfs besonnene Klugheit und kalte Berechnung auf der einen, Ottokars dumpfer Drang und sein verzehrendes Feuer auf der anderen Seite sind Komponenten, Partikularkräfte des einen Napoleon, in dem Grillparzer *„zugleich den Wahnsinn Alexanders und die berechnende Klugheit Cäsars“* fand. Rudolfs stille und ruhige Majestät mußte sich mit Ottokars lautem und keckem Protzentum paaren, seine Milde und Güte mit jenes Härte und Trotz, um Napoleons *„nicht grausames, kaum hartes“* Wesen und Walten voll und ganz zu treffen. Grillparzer also zerlegte Napoleons Einheit in eine Zweiheit, seine kosmische Rundheit in zwei sich widerstrebende Kräfte menschlicher Seelenhaltung. Denn auf den Menschen, auf das Menschliche kam es Grillparzer hier, im Gegegensatz zu seiner früheren Begeisterung für das Übermenschlich-Heroische, in allererster Linie an: die Tiefe der Tragik war ihm hier wichtiger als die Größe der Persönlichkeit.

Das Seelische und Menschliche gegenüber dem Heroischen, das Private gegenüber dem Politischen stellte Grillparzer in *„König Ottokars Glück und Ende“* dar, statt Sendung, Berufung, Aufgabe eines welthistorischen Ur- und Naturphänomens in klarer Überschau und knapper Synthese historisch berichtend und prophetisch verkündend zugleich, leibhaft zu vergegenwärtigen, werden, wachsen und vergehen zu lassen. Statt all dem mühte sich Grillparzer um den seelischen Kern des *„Menschen“*, um die inneren, geheimen Irrungen und Wirrungen, Konflikte und Kämpfe. So blieb ihm Napoleon zuletzt doch auch nur äußerer Anlaß, nur Anstoß, tief genug zur Behandlung eines ähnlichen seelischen Problems, aber nicht mächtig und mitreißend, nicht stark und wuchtig und erschütternd genug, um — über technische und politische Hemmnisse hinweg — in der Einmaligkeit und Besonderheit seines außergewöhnlichen Schicksals dramatisch festgehalten zu werden. Aber Grillparzer war der Dramatiker des Vornehmen, Gedämpften, Geläuterten, Zarten und Feinen, nicht des Wuchtigen, Wilden, Leidenschaftlichen, Stürzenden und Zermalmenden, deshalb konnte ihm ein ähnlicher, einfacherer, dazu glatterer Stoff genügen zur Einfüllung seines Napoleon-Erlebnisses. Was der Dichter an Kraft, Schwung und Begeisterung in sich fühlte, hat er seinem „Ottokar“ mit- und eingegeben und in ihm so sein reichstes, wenn auch nicht sein tiefstes, Werk geschaffen: als Ganzes genommen für Grillparzer letzte Frucht und späte Ernte seiner langen Beschäftigung mit Napoleon, in der dem Dichter gemäßen dramatischen Form.

Weder freudig bekennend noch finster verurteilend ist auch dieses Werk, wie Grillparzers gesamtes Leben und Schaffen, ein Kompromiß, ein schmerzlicher Vergleich zwischen einem Zuviel der inneren künstlerischen Gesichte und einem Zuwenig der technischen Ausdrucksmittel. So konnte Grillparzer dem deutschen Napoleondrama bestenfalls ein analoges, lockendes Problem zeigen, nicht aber zugleich zweckmäßige Mittel, gangbare Wege oder auch nur einen Ansatz zur Lösung dieses Problems, soweit und sofern Napoleon selbst in Frage kommt.

Grabbe erst im Vollgefühl seines titanischen Überschwangs glaubte sich diesem Wagnis unterziehen zu können oder gar zu müssen. Erfüllt von mehr als leidenschaftlicher Begeisterung für gewaltige historische Gestalten, berückt und besessen gleichsam von den starken und harten Streiternaturen der antiken wie der mittelalterlichen Geschichte, war er zunächst entflammt für die verwandte Seite in Napoleons Wesen: das Rastlose, Treibende, Tätige, Kräftige, Heroische und Starke. Napoleon war ihm fürs erste nicht mehr als ein wildes und wuchtiges Tat- und Kraftgenie, gleichsam letzter historischer Sproß aus der trotzigen Reckenfamilie der Gothland, Marius und Sulla, Staufen ... und von dem Weltherrschertraum eines starren und harten Heinrichs VI. bis zum richtigen Weltensturm eines ruh- und rastlosen Napoleon war für Grabbe der Weg nicht mehr so weit wie von Gothlands blutlechzender Raserei zu Sullas diktatorischem Machtrausch. Denn souverän und eigenherrlich nutzte Grabbe Geschichte und Sage als breites Sammelbecken und unversiegbare Stoffquelle für Gestalten und Geschehnisse, die seiner wilden, überschäumenden, krampfigen und knorrigen Natur gemäß und genehm zu sein schienen, ohne Unterschied der welthistorischen Schichten und Lagen, aus der diese Individuen stammten, ohne Unterschied auch der allgemein-psychologischen Perspektiven, die sie nach Eigenart, Veranlagung, seelischem und geistigem Format fordern durften und mußten. Eigens aber aus seiner Welt Neues, Individuelles, Lebensfähiges zu zeugen, dazu war seine Phantasie zu fessellos und fratzig („*Gothland*'), seine Welthaltigkeit und Erlebnisfähigkeit bei aller barocken Schnörkelei („*Nannette und Maria*") zu schlaff und lasch. Aber auch die historischen Erscheinungen und Ereignisse waren ihm zunächst mehr Reiz und Rausch als Ruf und Richte zu eigener Vorstellung und Forderung. Napoleon wurde ihm jedoch während der Arbeit, unter der Hand erster Schritt auf diesem Wege, d. h. Anfang zu engerer Synthese und bestimmender Überschau, Übergang vom rohen historischen Stoff (denn das war ihm auch noch Heinrich VI.) zum reinen, seelischen Gehalt, von der Übernahme objektiv-historischer Ereignisse und Gestalten zu einer subjektiv-weltanschaulichen zeitbedingten Beurteilung dieser Ereignisse und Gestalten, d. h. zu einer Entladung, *„Ausschüttung“ „aller Ideen über die Revolution“*, die Grabbe je gehabt. Der veranschaulichenden Darstellung dieser *„Ideen“* dienen die wilden und lauten Revolutions-, Straßen und Pöbelszenen (I, 1, und III, 1) auf der einen und als Kontrast die satirisch-karikaturenhaften Hof- und Adelsszenen auf der anderen Seite; der idealen Vorstellung, dem Wunschbild Grabbes von der Revolution aber entstammt die Zeichnung der Carnot und Fouché wiederum auf der einen Seite und auf der anderen die Gestaltung Napoleons als Sohnes (nicht Erfüllers) der Revolution. Hinzu kommen die freiheitlichen Wünsche und Vorstellungen der preußischen Jäger, ungewiß noch und unbestimmt, froher und freudvoller als die der blutdürstigen französischen Revolutionäre (ihr Typ ist Jouve), aber untermischt schon von Tönen schmerzvoller Resignation angesichts der ahnenden Entziehung und Nichterfüllung erkämpfter Rechte. Die Einspinnung eines historischen Geschehens und historischer Gestalten in einen solchen weiten Ideenkomplex hebt den *„Napoleon“* ab von allen bisherigen Schöpfungen Grabbes und läßt ihn darin, sowie rein formal in der erstmaligen Verwertung der Grabbes Art gemäßeren Prosa an Stelle des oft holperigen und kantigen Verses, als Vorstufe zum *„Hannibal“* erscheinen, Grabbes gemäßigstem und geklärtestem Werk. Nach rückwärts aber, in Hinblick auf Grabbes bisherige Dichtungen, stellt Napoleon selbst als Gestalt und Erscheinung eine Vereinigung der beiden bisher getrennten Strömungen Grabbescher Heldenauffassung dar. Er ist der tragisch-verklärte Marius sowohl wie der göttlich beglückte Sulla, der egoistische Weltenstürmer Heinrich VI. und zugleich der Volksfürst Heinrich der Löwe, ehrgeiziger Herrscher und bewunderter Soldatenkaiser und Volksbeglücker, groß und überragend als Fürst, klein und schicksalgebunden als Mensch, Schöpfer und Dulder, Träumer und Täter zugleich. Neben dem Kraft- und Tatmenschen kommt aber zugleich auch der ordnende Staatsmann, bewährte Feldherr und prophetische Seher in Napoleon zum Ausdruck. Allerdings vermochte sich Grabbe deshalb noch nicht frei zu machen von dem Wildüberstürzenden und Rastlostreibenden, das ihm Anstoß zur dramatischen Behandlung Napoleons geworden war, nur verzerrte und belastete er Napoleons Gestalt weniger mit solchen Attributen, sondern verlegte sie mehr und mehr in seine Um- und Mitwelt, sei es nun die königliche Hofgesellschaft zu Paris oder die Tanzgesellschaft zu Brüssel, sei es der Pariser Pöbel oder Blüchers Preußen, Wellingtons Briten und vor allem Napoleons Generale, Offiziere und Truppen.

Daher verschob sich das kleinlich-philiströse Drum und Dran, das wuchtig-chaotische Drunter und Drüber, das überspitzt antithetische Hin und Her, das breit epische Dabei und Daneben, das Grabbe bisher jeweils um die beiden Gegenspieler, die sich in allen seinen Stücken vor dem Napoleon finden, gruppiert hatte, hier in die Massen selbst. (Da er instinktiv erkannte, was bis zu Spengler hin oft und viel erörtert wurde, daß Napoleon keinen auch nur annähernd kongenialen, individuellen Gegenspieler habe.) So hat Grabbe auch in diesem Werk einen dualistischen Kontrast geschaffen, aber statt wie bisher zwei große Individuen (*Gothland und Arboga, Marius und Sulla, Don Juan und Faust, Barbarossa und Heinrich den Löwen, Heinrich VI. und Richard Löwenherz*) polar entgegenzustellen, läßt er jetzt die Masse dem großen Einzelnen oder einer anderen Masse gegenüber als Gegenspieler fungieren. Der oft berührte Konflikt: Individuum und Masse, Held und Volk, Grabbes Theorie und Anschauung vom Übermenschen, spricht sich daher im „*Napoleon*“ gerade infolge dieser Vereinfachung der gegeneinander wirkenden Kräfte zum erstenmal klarer, entschiedener und bewußter aus, dabei menschlich-natürlicher als im „*Gothland*“ (III, 1), realer als im „*Don Juan und Faust*“ (III, 3), historisch richtiger als im „*Barbarossa*“ (III, 1) und in „*Heinrich VI.*“ (V, 2). Nicht mehr die beiden Großen, die sich bekämpfen und jeweils ihre Massen umeinander und gegeneinander organisieren, sondern nur noch einer ist hier Anlaß der Massenbewegung und -erregung, um desto deutlicher zu erhellen, daß diese Bewegung stärker ist als ihr Beweger und die Erregung mächtiger als der Erreger. Aber Napoleon selbst steht deshalb durchaus nicht im Mittelpunkt des Ganzen, er wird mehr und mehr zum lockeren Rahmen, zur vermittelnden Bühne, auf der die Ereignisse sich abspielen. Grabbes Stück ist nicht eine Zeichnung und charakterisierende Veranschaulichung Napoleons während der „*Hundert Tage*“, nicht Vergegenwärtigung der letzten oder vorletzten Etappe eines gewaltigen Heldenlebens, sondern ein Querschnitt durch eine wild bewegte, politisch wogende und brausende Zeit, ein gärendes und tosendes Hin und Her, ein wirres Auf und Ab, in dessen Brandung, von ihm selbst entfacht, ein Riese in seinen letzten Reckungen und Zuckungen niedergeworfen wurde. Aus einer beiläufigen, willkommenen Gelegenheit, politische Anschauungen einzufüllen in dramatische Begebenheiten, Fragen der jüngsten Vergangenheit anzuschneiden und solche der nächsten Zukunft politisch zu verkünden und kämpferisch zu verteidigen, aus diesen Nebenabsichten wurde während der Arbeit Selbstzweck und Eigenrecht: nicht mehr Napoleon selbst ist jetzt groß, sondern seine Geschichte, seine Zeit; bedeutungsvoller und anziehender, lebensfähiger und wirksamer als er ist die Revolution, an *„deren Mast er nur das Fähnlein darstellt"*. In diesem Sinne gewinnen die episch-dramatischen Schilderungen von Volk, Hof, Heer und Schlacht weniger Bedeutung als wesenhaft vergrößernde Spiegel, wie es bei *„Marius"* geplant war, zur Beleuchtung Napoleons in jeglicher Situation und Position als vielmehr um ihrer selbst willen, als eigenwertige, selbständige Gebilde, als wesentliche, bezeichnende Faktoren der *„Hundert Tage"*: Napoleon bleibt für das Ganze nur zugkräftiger Name und klangvoller Ton. Allerdings in den relativ wenigen Szenen, in denen er auftritt, ist er mit einer selbstverständlicher Überlegenheit (I, 4; III, 3; IV, 2; IV, 6; V, 5, 6 und 7), sei es nun imperatorische Pose, soldatische Frische, rasche Entschlußfähigkeit, umsichtige Tatkraft und stolzes Selbstbewußtsein noch im Unglück, gezeichnet und realistisch glaubhaft gestaltet. Überall ist *„ER"* der einzig Bestimmende, Befehlende, Bedeutende, dabei immer in den Verhältnissen stehend und aus ihnen heraus handelnd, nicht drüber, sondern drin, deshalb eruptiv und explosiv. Seine Sprache, Bewegung und Haltung ist in solchen Lagen kurz, prägnant, rasch, abgerissen, ruckartig und durch Ausruf und Frage gekennzeichnet, und dieser Sprachausdruck ist bis einschließlich auf Unruh hin als die Napoleons Wesen gemäße Wortfügung empfunden worden. Allerdings kennt Grabbe neben diesem handelnden und befehlenden noch einen beschauenden und bedachtsamen Napoleon, dessen Sprache ein stetig schwellendes, nicht selten überladenes Pathos der Überzeugung oder Überredung ist (I, 4 im Hymnus auf *„Amphitrite"*; III, 3 im Gespräch mit Bertrand, Carnot und Fouché und besonders mit Hortense). Aber auch hier bleibt Napoleon der explosiv Ausbrechende, der vulkanische, aktive Sprenger im Gegensatz etwa zu Grillparzers Ottokar, dem hartnäckigen, versteiften Trotzer und schließlich doch passiven Verharrer in einem einmal entfachten Geschehen, der überdies noch in seinem Sprachausdruck fest in das Gefüge des Verses hineingezwungen war und die tiefsten Erregungen und schwersten Erschütterungen in stummer Mimik und Geste meist niederrang. Grabbes Prosa hingegen gestattete Napoleon jeweils nach den Bedingungen der Umstände, Ereignisse und Gesprächsthemen Wandel und Anpassung seines Ausdrucks. Aber Grabbe war kein Menschenzeichner und Charakterdeuter, sondern bestenfalls noch ein Kräfteseher und Ereigniskenner und bei seinem Bestreben, die Individuen mitten im Komplex der sie umgebenden Kräfte und Stimmungen zu zeigen, d. h. als Täter und Streiter in einer bunten und farbigen, reichen und starken Umwelt, in diesem Schwung und Drang ließ er sich gerade in seinem *„Napoleon"* weiter mitfortreißen als jemals vorher. Bühnenwidrige Ungeheuerlichkeiten, grausig-grelle Abscheulichkeiten und Verzerrungen ernster Angelegenheiten bei der Darstellung der Schlachten- und Volksszenen bezeugen Grabbes Rausch- und Rauflust, sein dämonisches Drängen und Toben, das sich mehr oder weniger in all seinen Werken vom „*Gothland*“ bis zur „*Hermannschlacht*“ irgendwie explosivartig entlädt. Gerade im „*Napoleon*“ aber stört und hemmt das weit mehr als in Grabbes übrigen Historien, hier mußte jeder Schweif und Schnörkel nur die sammelnde Kräftewirkung zerdehnen und zerhacken, während sie in den rein historischen, d. h. mehr epischen Dramen weit mehr noch als anekdotisches Intermezzo oder romantische Spielerei gelten mochten. Aber Grabbe konnte von vornherein keine Menschen und Handlungen darstellen wie etwa Grillparzer, für den das Heroische erst durch das Tragische, das Heldische erst durch das Menschliche wertvoll und verwertbar wurde; Grabbe kam es vielmehr gerade auf das Rasche und Starke, Wuchtige und Wilde an sich, um seiner selbst willen an, auf das trotzig Überschäumende, Überstürzende im einzelnen großen Individuum sowohl wie in der ganzen Masse. Beides zusammen und gegeneinander ergibt ihm die starke Welt kämpferischer Freiheit und freiheitlichen Kampfes.

So packend und treffend seine Skizzen über Napoleon sein mögen, das Ganze ist kein Napoleon-Drama, sondern ein ebenso glühender wie höhnender Protest gegen seine eigene Zeit: das „*episch-dramatische*“ Seitenstück zu Heines, Zedlitz', Immermanns, Platens Zeitkritiken, daher als Drama, als Kunstwerk ebenso neu und eigenartig wie etwa Heines feuilletonistische Prosaschriften, aber noch viel selbstbewußter und trotziger. Umständlich und unbewußt lenkt Grabbe so in die Bahnen der Grillparzer, Heine, Zedlitz, Immermann, Platen, nur daß er von Napoleon ausgehend erst seiner eigenen Welt und Wirkungsmöglichkeit sich bewußt wird, sie hingegen umgekehrt aus ihrer Welt und Zeit heraus Napoleons Gestalt und Persönlichkeit würdigen. Während sie aus ursprünglichen Zeitkritikern Heroenbewunderer oder doch verständnisvolle Betrachter Napoleons werden, biegt Grabbe, an angeborener Empfänglichkeit für alles Titanisch-Trotzige und Gigantisch-Stürmende sie alle weit überragend, von seinem primären Heroenkult ab zu der negativen Zeitkritik, von der sie ausgegangen und bestimmt worden waren. Jetzt überbietet dann sein Freiheitswunsch und -rausch noch seine Napoleonbegeisterung, und der egoistische Korse ist ihm zwar noch Künder und Prophet der Freiheit gegenüber legitimistischem Zwang und Druck, aber nicht mehr zugleich Verwirklicher seiner Freiheitsträume. In seinen Briefen an Kettenbeil hat Grabbe diese Gedanken deutlicher und offener ausgesprochen als in den versteckten Andeutungen der indirekten Charakteristik Napoleons durch Jouve, Carnot, Fouché und die deutschen Befreiungskämpfer (besonders die Jäger) in dem Drama selbst. Hier wollte er seinen ursprünglichen Plan, die dramatische Verherrlichung des Volks- und Soldatenkaisers, nicht aufgeben und die alte impulsiv magnetische Ergriffenheit von seinem Stoff nicht verschwinden lassen neben der neu entdeckten intellektuellen Anschauung.

An Tiefe der Auffassung und Weite der Gesinnung läßt sich Grabbes Napoleondarstellung nicht vergleichen mit Grillparzers Ausführungen, an Realistik und Wirkung in der dramatischen Darstellung und leibhaften Zurschaustellung überbietet sie, trotz oder gerade wegen der Knappheit und Kürze dieser Szenen, alles, was bis heute in dieser Hinsicht in deutscher dramatischer Dichtung versucht worden ist. Von seinen zahlreichen Nachfolgern in der deutschen Napoleon-Dramatik unterscheidet Grabbe sich von vornherein dadurch, daß er frischer und freier, ohne dramaturgisch-technische Überlegung und auch ohne historisch-philosophische Spekulation an seinen Stoff heranging: darin liegt wie in seinem gesamten Schaffen zugleich seine Stärke und Schwäche. Keiner mehr hat es vermocht, in solch kühnem und knappem Querschnitt alle jene Partikularkräfte und Einzelrichtungen des gefeierten Soldaten- und gepriesenen Volkskaisers, des bewunderten Feldherrn und klugen Diplomaten, des einsamen Schwärmers und des idealen Weltbeglückers, kurz des g a n z e n Napoleons der Legende, wenn nicht dar- und vorzustellen, so doch mindestens anzudeuten und wachzurufen. Das Ganze aber bleibt immer nur eine rasche und kantige Skizze, kein rundes und volles Kunstwerk: vielleicht eher eine beispielhafte Warnung vor künftiger Behandlung des riesenhaften Stoffes (im Sinne Hölderlins *„der Dichter laß ihn unberührt, wie den Geist der Natur. . . .“*) als eine erfolgverheißende Richtlinie für spätere Dramatiker.

Mit Grabbes *„Hundert Tagen“*, die noch vor und während der Julirevolution geschrieben wurden, war kein Werk geschaffen, das den stets wandelnden Stimmungen und Bedürfnissen des zeitgenössischen Publikums hätte Rechnung tragen können, oder gar als das zusammenfassende Gesamtzeugnis des Urteils der Zeit hätte angesehen werden dürfen. Weniger die Eigenart der dramatischen Behandlung (die wohl auch eine wahre und freudige Aufnahme des Stückes verzögern mußte), weniger das vielbewegte Auf und Ab der Handlung und Ereignisse als vielmehr die bewußte Auswahl dieser Ereignisse, die Enge und Begrenztheit der Handlung, die exzentrische Bestrahlung der vorletzten Etappe Napoleons, statt der peripherischen Behandlung der Gesamtlaufbahn, statt des märchenhaft-romangleichen Berichtes von Aufstieg, Höhe und Fall der großen Persönlichkeit, kurz, die knappe Klarheit und reale Nüchternheit wollte nicht genügen. Man verlangte breite Ausmalung und weite Ausstattung mit verzierenden Schnörkeln, um Napoleons Persönlichkeit in tausend Reflexen zu spiegeln: in der Treue und Frische seiner Grenadiere sollte sich seine Popularität und Feldherrngröße zeigen (Béranger, Heine waren Muster und Vorbild dichterischer Verwertung dieses vielverarbeiteten Motivs) im Umgang mit seinen Generalen und Sekretären, seine Freundlichkeit und Freundschaftlichkeit, im Verhältnis zu Lätitia seine Sohnestreue und im Bruch mit Josephine seine menschliche Tragik ankünden, zu schweigen von den rührseligen Ausbeutungen der Flucht zu den Engländern und der schnöden Leidenszeit auf Helena. Dabei wurden all diese Gestalten mehr und mehr in den Vordergrund geschoben und poetisch verklärt und gehoben, so daß man in der epischen oder wenigstens episch-lyrischen Behandlung das rechte Maß für solch reichen und weit verzweigten Stoff zu finden glaubte. Von Frankreich geht — ähnlich wie die Legendenbildung — auch diese Phase der Napoleonbewertung und -verwertung aus. Sie ist welker, matter, ärmer an poetischer Kraft und weniger durchsetzt mit Leidenschaft und realem Gegenwartsbezug. Späte Romantiker, biedere idyllische Träumer oder auch künstlich hochgezüchtete, forcierte und dabei philiströse Heroenbewunderer sind die Träger dieser Art von Napoleonpoesie. Barthélemy und Mery und später Edgar Quinet in Frankreich, in Deutschland Franz von Gaudy, Ludwig Rellstab, Ferdinand Stolle sind die Namen, die noch am ehesten genannt zu werden verdienen. Barthélemy und Mery haben acht eintönig schleppende *„Gesänge"* darauf verwandt, die märchenhaft exotische ägyptische Expedition in all ihren wunderbaren Heldentaten und übermenschlichen Drangsalen in antik-klassizistischer Manier zu verherrlichen, wobei orientalisch-satanische Wollust und despotische Gier voll schauervoller Wildheit als Kontrast heraufbeschworen wird zu dem erhabenen, klassisch schönen Mannesmut der Murat, Desaix, Kleber, Lannes und dem klaren Feldherrnblick und Führergenie des *„Frankenhäuptlings Bounaberdi, Sultan El Kebir"* (wie die Muselmanen den General Bonaparte genannt haben sollen); feiner, durchgeistigter und tiefer als seine Landsleute hat Edgar Quinet, gebildet an deutschem Klassizismus und Idealismus, Napoleons Lebensweg und Lebensaufgabe von der Wiege bis zum Grabe in einem umfangreichen, philosophisch-weltanschaulichen Epos symbolisch in die historische Vergangenheit einzubeziehen und für die Gegenwart zu erfassen gesucht: mit weniger romantisierenden Schrullen als seine Zeitgenossen und mehr kritisch-reflektierendem Sinn für das heroisch *„halbgöttliche"* Format von Napoleons Wesen und Bestimmung.

In der Breite und Behäbigkeit der Darstellung sowie der Vorliebe für das Einflicken episodenhafter Zwischenfälle erinnert Quinets Epos an die kurz vorher erschienenen *„Kaiserlieder"* Franz von Gaudys, welche die typischste und zugleich bedeutsamste dichterische Verwertung Napoleons zu dieser Zeit repräsentieren. Bei Gaudy wie bei Quinet mischen sich im bunten Wechsel kleine Bilder, welche mehr die Dinge als den Helden, mehr die Wirkung seiner Taten als diese selbst, mehr Stimmung als Handlung zur Darstellung bringen — das geschichtliche Ereignis bietet daher nur den heller oder undeutlicher sichtbaren Hintergrund (K. Voretzsch: *„Gaudys Kaiserlieder und die Napoleondichtung"*). Aber während dem reflektionslustigeren, mehr philosophisch orientierten Franzosen Napoleon vor allem ein *„demi-dieu"*, *„heros"*, *„genie divine et immortel"* darstellt, ist er für den poetisch-verklärenden, romantischeren Deutschen nichts mehr und nichts weniger als eine geschichtsgewaltige, an sich schon poesieumwobene Persönlichkeit. So sieht Gaudy in ihm vornehmlich den unglücklichen, schmählich betrogenen Kaiser, der frühe schon seines Schicksals und seiner Sendung bewußt, meist ein einsamer Träumer und sentimentaler Schwärmer ist, und nur, wo es Not und Tat erfordert, ein kraftvoller Held. Halb in dem bewußt-naiven Pathos der Gleimschen Grenadierlieder, halb in dem sehnsuchtsvoll, trauerumflorten Volkston Bérangerscher Chansons hat Gaudy als erster die Gesamtlaufbahn seines Helden in diesem Liederzyklus darzustellen unternommen im Gegensatz zu Ludwig Rellstab und Ferdinand Stolle, die sich zur gleichen Zeit in ihren Romanen um Belichtung einzelner Epochen aus dem Leben Napoleons mühen.

Rellstabs *„1812"* freilich ist ebensowenig und ebensosehr ein Napoleonroman wie Tolstois *„Krieg und Frieden"*: denn hier wie dort ist die Gestalt des Korsen nur soweit Objekt realer Verwertung, als sie die Geschichte der eigentlichen Handlungsträger — bei Rellstab sind das zwei deutsche Jünglinge, bei Tolstoi die russische Gesellschaft während des Feldzuges nach Moskau — direkt beeinflußt. In dem Wissen um die ungeheure Wirkung und das bestimmende Eingreifen Napoleons in kleine und kleinste Angelegenheiten dieses ihres Romanbereiches sind zwar beide Schriftsteller einig, verwandt auch in der feinen Skizzierung und bunten Fülle der Gegen- und Nebenhandlungen und in der seelischen Ausgestaltung der Charaktere; aber Tolstoi, auf breiterem Raum sich bewegend, stellt geschickt die Verknüpfung seiner Romanhandlung mit historisch-denkwürdigen und ausschlaggebenden

Momenten her, während Rellstab alles nur aus der Enge und Begrenztheit des französisch-polnisch-deutschen Lagers heraus sieht. In historischen Urteilen vorsichtig, fast ängstlich, ohne den Scharfblick und den hartnäckigen Eigensinn des trotzigeren Russen, ohne auch nur den Willen und die Lust, geschweige den Zwang und die Not eigener Urteilsfindung und Urteilsbildung ist Rellstab stets ein feiner, anmutiger, geschmackvoller Erzähler und Plauderer, wo Tolstoi, mutiger und rascher zupackend, stets realer Betrachter und sogar rationeller Berichterstatter ist. Rellstab ist — trotz seiner verheißungsvollen „*Zueignung an die Fürsten Europas*" — bürgerlicher, gehemmter, unfreier und unreifer, und zwar weniger durch die Zeit und die äußeren Verhältnisse, als durch seine innere seelische, harmonisch-ausgleichende und christlich-friedliebende Natur gehemmt. Er ist gemütvoller, herzlicher, sanfter, aber auch leidenschaftsloser, weitschweifiger, breiter, gesuchter, leerer und hohler als der harte Erzieherprophet und einseitig versteifte Geschichtsphilosoph Tolstoi, der in dem großen Korsen nur ein elendes Werkzeug der Geschichte glaubt sehen zu dürfen, einen würdelosen Menschen, den die Vorsehung zu der traurigen, unfreien Rolle eines Henkers der Völker bestimmt habe.

Bei aller Bewunderung für die überwiegende Geistesgröße Napoleons, bei aller Ehrfurcht vor der genialen, kühnen Schöpferkraft des gigantischen Mannes bleibt Ludwig Rellstab doch immer ein warmer, freiheitsbegeisterter Patriot (wenn auch nicht ein lauter und schlachtendurstiger wie der Blücherverehrer Scherenberg). So kann Rellstab des Korsen Fall zugleich bedauern und begrüßen, bejammern und bejauchzen, und er hat bei diesem, damals ebenso klugen wie wirkungsvollen Kompromiß zahlreiche gleichgesinnte Nachfolger gefunden. Ferdinand Stolle besonders ist auf seinen Spuren gewandert (in dem Roman „*1813*") und hat dann in einer ganzen Anzahl von langen, verworrenen, schleppenden Helden- und Schlachtenschilderungen den General, den Konsul, den „*neuen Cäsar*" und schließlich auch den gefesselten Prometheus naiv, leicht und oft anekdotisch aufgebauscht gefeiert; unvermittelt und unerklärt zerreißen dabei seine sachlich-trockenen historischen Berichte die überdies nicht feinen Fäden des ebenso wunderbaren wie unwahrscheinlichen Handlungsgewebes, zumal wenn Stolle den gar biederen „*petit caporal*" allzu enthusiastisch und phrasenreich, ohne weltgeschichtliches Maß, ohne historisch-kritischen Blick und ohne psychologische Wahrscheinlichkeitsempfindung, in die weltenerschütternde Tätigkeit des gewaltigen Schlachtenmeisters und Völkerherrschers eingreifen, „*hineinspielen*" läßt. Gerade er vor allem — und neben ihm vielleicht noch am meisten Christian Friedrich

Scherenberg, der Verfasser der Epen „*Abukir*", „*Ligny*" und „*Waterloo*" — hat dadurch noch mehr als Gaudy, Quinet und Rellstab den gewaltigen Stoff verbürgerlicht, verdreht und verkleinert, dazu romantisch verbrämt und versüßt, wenn nicht gar spießerisch entwürdigt zu einem oft kleinlich-philisterhaften Abklatsch der historischen Begebenheiten und öfter noch zu einer bewußt eigenwilligen Verzerrung der Persönlichkeit Napoleons.

Erst Hebbel hat dann wieder den heroischen Zauber gewittert und den bannenden Zwang geahnt, den Napoleons Wesen und Werk ausströmt — allerdings, ohne ihn dichterisch formen, dramatisch fassen zu können — und zugleich war er nach Grabbe (wenn nicht d u r c h Grabbe) wieder der erste unter den Deutschen, den Napoleon als dramatische Gestalt anzog. Von Grillparzers Napoleonbetrachtung beispielsweise unterscheidet sich indes Hebbels Stellungnahme und ihre Äußerungsmöglichkeit allein schon dadurch, daß sie nicht mehr so stark vor zeitlich bedingten Augenblicksströmungen und politischen Maßnahmen rücksichtsvoll abgestimmt werden mußte, von der Grabbes, daß sie nicht laut gesteigert und gedehnt zu werden brauchte. Für Hebbel war Napoleon schon historische, objektiv faßbare Erscheinung, seine Wirkung für die Gegenwart längst sichtbar, für die Zukunft schon erweisbar. Eben diese Weite der welthistorischen Wirkung und überragenden Stellung inmitten weltbewegender Kräfte lieh Hebbel erst Recht und Lust zur Beschäftigung mit der Persönlichkeit und Tragik Napoleons selbst. Gestalt und Gebaren, Haltung und Handlungsweise mochten ihm äußere Form und Farbe, anschauliche Züge und Zeichen leihen für seinen Feldherrn Holofernes sowohl, wie noch zwanzig Jahre später für seinen Weltbeherrscher Etzel, aber diese äußerlichen Andeutungen und Hinweise, bestenfalls Annäherungen, bedeuten doch keineswegs eine kongeniale Umsetzung von Hebbels Napoleonauffassung in dramatische Form, wie das trotz aller historischen Vermummung und vaterländischen Einkleidung „*Ottokar*" für Grillparzer beanspruchen darf. Mit der Fertigstellung des „*Ottokar*" erlischt Grillparzers aktives Interesse an Napoleon, während Hebbel von Holofernes und Etzel aus wieder frische Nahrung und neuen Anstoß empfangen hat. Denn Hebbel durchschweifte nicht wie Grillparzer die Geschichte nach äußerlich ähnlichem Stoffe und gleicher Farbe, um solchen Stoff erfreut als ersehntes Mittel für eine schon feste und fertige Anschauung zu nützen; er sah in der Geschichte nicht eine buntgestaltige Aneinanderkettung und wechselvolle Ausweitung menschlicher Einzelkonflikte wie Grillparzer, auch nicht ein Arsenal gestalthafter Versinnbildlichung seiner Rausch- und Reizmittel wie Grabbe, sondern für

Hebbel war die Geschichte Weg und Mittel zur Verkörperung seiner Anschauungen und Ideen. Napoleon ist für sie alle ein Prüf- und Merkstein ihrer historischen Sicht: Grabbe fühlte und faßte nur das Berauschende, das Bestrickende seiner Erscheinung, Grillparzer das Menschlich-Packende und Seelisch-Tragische (wenigstens soweit die dramatische Verarbeitung in Frage kommt), Hebbel spürte mehr und weniger zugleich. Er sah in Napoleon außerdem noch den überirdisch-vergöttlichten *„Helden“* Heines und den plastischen Former und kosmischen Gestalter Goethes, und schließlich finden sich gar national-patriotische Anklänge an Motivationen politischer Gegner des Korsen. Im *„Trauerspiel in Silizien“* endlich bleibt Napoleon nur derb deplacierte Reminiszens für eine bramarbasierende Soldateska, während er in *„Julia“* mit Cäsar zusammen als höchstes Maß und Ideal des Tatgenies gepriesen wird gegenüber dem Fluch der Tatenlosigkeit des Grafen. All diese Sichten und Schichten lagerten sich über-, um- und nebeneinander, und deshalb fand Hebbel nirgendwo den entscheidenden Ansatzpunkt zur dramatischen Durchführung und szenischen Ausführung, er vermochte nirgendwo den zugleich trennenden und treffenden zentralen Schnitt mit der ihm eigenen Schärfe und Härte zu führen. Hebbel wußte das für ihn unerläßliche, konzentrische, subjektiv individuelle Innenproblem seiner Gestalten, das zugleich eine peripherische Ausweitung und objektiv-allgemeingültige Verwertung, Veranschaulichung seiner Ideen verlangte oder doch gestattete, bei Napoleon nicht klar und entschieden genug zu fassen. Daneben bewahrte ihn historische Scheu und Verantwortungsbewußtsein davor, einen dramatisch brauchbaren und wirksamen Napoleon eigenmächtig zurechtzuzimmern. Er besaß künstlerisches Gefühl und männliche Offenheit und dramatischen Blick genug, um die Schwierigkeiten einer Dramatisierung von Napoleons Wesen und Schicksal, verknüpft mit dessen Ursache und Wirkung, einzugestehen, und solche Aufgaben nur dem Höchsten und Größten zu gönnen, mochte er auch schließlich mehr aus schnellem Mißmut und vielleicht gar Trotz als aus tiefer Erkenntnis und echter Überzeugung die zähen Widerstände einzig und allein in den *„an sich“* unpoetischen Stoff verlegen: *„In Napoleons Charakter liegt etwas so Unüberwindlich-Nüchternes, daß ich zweifle, ob ein dramatischer Dichter künftiger Jahrhunderte ihm den mangelnden ideellen Gehalt auch nur wird leihen können“* (Tgb. Bd. IV, S. 33). Hebbels Notizen und Exzerpte sind weniger Anschauungen des Dichters als Äußerungen des Denkers, sie sagen uns zunächst nichts mehr, als daß sich Hebbel über 20 Jahre mit der Abfassungsmöglichkeit eines Napoleondramas beschäftigt hat und dürfen in ihren Einzelheiten und Andeutungen durchaus nicht als Wegweiser für eine künftige dramatische Ausarbeitung Hebbels gelten. Gerade die rein dramaturgisch technischen Richtlinien und Anweisungen sind jeweils abhängig von Hebbels Anschauung über Napoleon insgesamt und nur zu werten als Funktionen einer noch unbestimmten Größe.

In unserem Zusammenhang gewinnen diese Beurteilungen Hebbels Bedeutung als tiefste und umfassendste Äußerungen über das Problem der dramatischen Gestaltung Napoleons, das eben durch und seit Hebbel erst in seinem ganzen Umfang und seiner Schwere erkannt ist; und wenn man später gestützt auf gelehrt-dramaturgische Beobachtungen und Theorien die Möglichkeit eines Napoleondramas verneint oder Wege und Winke zu einer zufriedenstellenden Lösung zu geben sich berufen glaubte, so gewinnen Hebbels Äußerungen demgegenüber den hohen Wert selbst erworbener, aus der dichterischen Praxis geschöpfter Kenntnis. Zugleich deutet Hebbel in knappen Formulierungen vorwegnehmend auf alle Theorien und weitgesponnenen Beobachtungen hin, die von Gervinus bis zu Bleibtreu, Holzhausen, Lublinski, Paul Friedrich und Spengler sich um das Napoleondrama aufgeschichtet haben.

Hebbel ist der letzte unter unseren bedeutenden dramatischen Dichtern, dem Napoleon nicht nur Stoff, sondern auch Gehalt war, mehr Gehalt sogar als Stoff. Hebbel war noch historischer Betrachter, philosophischer Denker und dramatischer Dichter in einer Person und seine philosophisch-theoretischen Erwägungen hüteten ihn zugleich davor, den Napoleonstoff als bloßen Stoff zu dramatisieren und etwa das dramatische Korrelat zu Gaudys Kaiserliedern zu liefern. An seelischer Glut und gemütvoller Wärme, enthusiastischem Drang und Überschwang steht Hebbel deshalb hinter den Napoleonverehrern unter seinen Zeitgenossen ebenso zurück, wie er sie an Tiefe und Weite der intellektuellen Erfassung und rationalen Durchdringung des Gesamtkomplexes übertrifft. Rückhaltloser Bewunderer und blinder Verehrer Napoleons war Hebbel nie, vorurteilsfreier, realer Betrachter und Beachter seines Werks und seiner Wirkung ist er immer geblieben. Von vornherein zog ihn an Napoleon weniger das blut- und glutvolle, eigengesetzliche Individuum in seinen (für den Betrachter des Weltganzen immerhin engen) Bann als vielmehr diese klarste, vollkommenste und anschaulichste Form des „*Weltgeistes*". Neben Shakespeare, dem gewaltigsten „*Wortgenie*", sah er in Napoleon das größte „*Tatgenie*".

Hebbels Bemerkungen und Anweisungen bilden einen gewissen Abschluß für die Betrachtung von Napoleons Persönlichkeit sowohl wie besonders für seine Verwertung als dramatische Gestalt. Für Hebbel,

Grabbe und Grillparzer bot die welthistorische Größe, die historisch letzte und zeitlich nächste Verkörperung des Heros, Titanen und Übermenschen in Napoleon Anlaß zu dramatischer Auseinanderstezung, mochte auch jeder nach seiner Eigenauffassung, seiner Wesensart und Veranlagung das Moment aus Napoleons Gestalt und Geschichte herausschälen und zu dramatischer Veranschaulichung auswählen, das ihm je nach künstlerischer und persönlicher Sonderstellung und Wesenheit gemäß und genehm war: Grillparzer das Menschlich-Tragische, Herzlich-Nahe, Seelisch-Tiefe und Erschütternde, Grabbe das Tätige, Rauschende und Reizende, Titanisch-Kraftvolle, Hebbel beides zugleich und darüber hinaus noch das Kosmisch-Schöpferische und Dämonisch-Wunderbare. Sie alle aber wollten Deuter sein von Napoleons Schicksal (Grillparzer), von seinem Werk (Grabbe) oder seiner Gesamtpersönlichkeit (Hebbel), sie alle hatten noch nicht einen festen und fertigen Inhalt zugleich mit dem Stoff übernommen, sondern ihr Amt und ihre Aufgabe war, zugleich tiefblickender Beschauer, einsichtiger Deuter und veranschaulichender Dichter zu sein. Grillparzer, der Sachwalter des Menschlich-Tragischen, vermochte noch (wenn auch unter anderem Namen und in fremder Luft) diese drei Phasen zu einen; Grabbe, der Vertreter des Sachlich-Politischen, konnte nur nachträglich noch seine Deutung in den Rahmen der Dichtung einflechten; Hebbel gar, der weiteste Erfasser des Gesamtkomplexes, blieb im beschaulichen Betrachten stecken und wußte selbst seine spärlichen Weisungen und Winke betreffs dramatischer Veranschaulichung nur im Banne und als Ergebnis seiner Gesamtauffassung niederzulegen. Deshalb suchen spätere Napoleondramatiker weit eher an Grillparzers und besonders Grabbes Darstellungen als an Hebbels theoretischen Vorstellungen Anhaltspunkte, zumal ihnen weniger philosophische Bedeutung und Spekulation oder historische Betrachtung und Theorie als vielmehr dramatische Veranschaulichung und bühnenmäßige Verkörperung Anregung zu ihrer Beschäftigung mit Napoleon bietet.

Noch zu Hebbels Zeit setzt die erste eigentliche Hochflut des deutschen Napoleondramas ein. Ohne Beachtung und Kenntnis der negativen Ergebnisse, die Hebbel aus langer Beschäftigung mit der dramatischen Seite des Napoleonproblems gewonnen hatte, nutzten dramatische Vielschreiber und Stoffsucher (für sie war Napoleon kein Problem) Napoleons Gestalt, sein Werk und sein Geschick nicht mehr als Gehalt (sei es tragischer, heroischer oder weltanschaulich-politischer Art), sondern nur noch als rohe äußere Stoffmasse, selbst nicht mehr als Form zur Versinnbildlichung innerer Gesichte, sondern nur noch als selbstgenugsamen Namenzauber und wirksamen Theaterreiz. Es entstehen nicht einmal dramatische Gegenstücke zu den lyrischen und episch-lyrischen Erzeugnissen der dreißiger und vierziger Jahre. Ohne deren gemütvolle Wärme und erstrebte romantisierende Ferne einerseits, vor allem aber ohne den kämpferischen Gegenwartssinn und berauschenden Bann von Napoleons Erscheinung und Wirkung andererseits, vermag das deutsche Napoleondrama von den sechziger bis neunziger Jahren hin nicht einmal auch nur diese äußere Erscheinung Napoleons zu erfassen und zu verwerten, geschweige denn Sinn und Zweck seines Werkes zu begreifen und zu deuten. In fast allen Stücken ist Napoleon fertiger und fester, schablonenartig vorgezeichneter Charakter, und man versucht oder vermag nicht, ihm in die einzelnen Etappen seines Werdens, sei es menschlich persönlich, sei es historisch-sachlich, nachzugehen und dadurch dramatische Spannung zu erzeugen oder historische Entwicklung plastisch zu gestalten. Ohne Blick für welthistorische Größe, ohne Sinn für menschlich tiefes Leid sieht man in Napoleon entweder einen falschen und listigen (nicht einmal einen starken und großen) Bösewicht oder einen unersättlichen Despoten und Tyrannen in Glück und Macht, in Unglück und Ohnmacht aber einen zeternden Wüterich oder willenlos Verzagten, im ganzen bestenfalls einen tüchtigen Feldherrn neben Cäsar, Hannibal und Friedrich. Oft aber spiegeln diese farb- und formlosen Produkte weder ein bewunderndes Aufschauen, noch ein unbedingt verdammendes Abwenden, sondern einen halben und feigen Kompromiß, diktiert einmal von dem Aufflackern der napoleonischen Legende unter dem cäsaristischen Regime Louis Napoleons, weit mehr aber noch von nationalen Wünschen und Forderungen antinapoleonischer, weil antifranzösischer Art. So zerren meist Verherrlichung vaterländischen Preußengeistes und deutscher Treue den Franzosenkaiser in eine enge und flache Ebene hinab, wo äußerlich requisitenhafte Anhängsel und romantisierende Schrullen ihm Hauch und Habit des volkbegeisternden Heldenkaisers belassen sollen. Von einem ebenso einseitigen wie einfältigen Standpunkt aus erörtern in diesen Dramen jeweils die zu solchem Zweck in zwei Parteien geschiedenen Personen Licht- und Schattenseiten des Kaisers; aus Mangel an künstlerischer Formungskraft entstehen so kraftlose Dialoge und ermüdende Wechselreden, aus Mangel an persönlicher Geschlossenheit und Überzeugung unverträgliche Urteile und unmaßgebliche Anschauungen. Nicht „*durch ein Gewitter von Taten*“ (Hebbel), sondern durch einen Schwall von Worten wird Napoleon hier gezeichnet. Saftlose Reflexionen über seine Taten und seine Persönlichkeit (von ihm selbst, seiner Umgebung oder dem Pöbel vorgetragen und ausposaunt) wechseln mit rhetorisch-pathetischen Monologen über vergangene oder bevorstehende Ereignisse. Längst Verflossenes wird episch-breit erzählt, Weitvorausliegendes laut und lästig verraten. Erfundene oder doch historisch unzuverlässige Nebenepisoden meist rührseliger Art nehmen die eigentliche dramatische Handlung ein, während geschichtliche Tatsachen von zwingender Notwendigkeit für Napoleons Charakter und Schicksal wortlos übergangen oder gar entstellt werden. Oft aber ist auch selbst das rein-historische Kennen der Tatbestände und Persönlichkeiten zum mindesten sehr oberflächlich, wenn nicht unzuverlässig und gänzlich falsch. Selbst dort, wo man weniger preußisch und weniger national eingestellt, dafür aber historisch fester und sicherer gerüstet, Napoleons Leben rein biographisch in einer Auswahl von theatralisch wirksamen, wenn auch stofflich unwichtigen Bildern darstellen will, kommt man über die Spannung zwischen vaterländisch-patriotischem Pflichtgefühl und objektiv-heroischer Betrachtungsweise nicht hinaus. Diese a priori gegebene und tief eingewurzelte Dissonanz unterstreicht nur noch mehr das dramatische Unvermögen und unkünstlerische Wollen, das all diese Dramen zur Schau tragen. Verwässerung und Verkrampfung Schillerschen Verses und Tones mischt sich hier mit einer Sicht Napoleons, die an des älteren Dumas anekdotenschnüffelnde und tatsachenverwirrende Manier erinnert, abgesehen natürlich von dem deutlich durchschimmernden, spezifisch preußisch-patriotischen Element der deutschen Erzeugnisse, abgesehen auch von der immerhin konsequenten Beschränkung und Bearbeitung des französischen Romanciers, dessen „*Dramatisches Gemälde, dreißig Jahre aus Napoleons Leben*“ immerhin nur als Vorläufer und Anreger seines zehn Jahre später erschienenen prosaischen Napoleonbildnisses zu werten ist. In diesem unklaren Mischwerk aus biographisch-anekdotischem Roman und verworrener Schlachtenschilderung entlädt der Franzose alles störende Beiwerk, welches die deutschen Dramen als scheinbar unentbehrlichen Schmuck, oft aber auch als widerspenstiges Geranke mit sich schleppen. Zusammenfassend ist über all diese dramatischen Erzeugnisse nur soviel zu sagen: Zu locker und laß, ohne Formgefühl und Formungskraft gestaltet, sind sie ohne seelischen Zwang und innere Not, ja selbst ohne tieferes Verhältnis zum Stoff und ohne begeisternden Anstoß eines schöpferischen Triebs, entweder kalt und herzlos und gewaltsam gezwungen oder mit frevelndem Leichtsinn hingeworfen; sie verlieren sich in eine bunte und mehr oder weniger plumpe Aneinanderreihung einzelner Tatsachen, Dialoge, Monologe und Berichte ohne konsequente Konzentration des Wesentlichen und Charakteristischen und liefern so entweder impressionistisch buntes Gewirr oder süßlich sentimentales Geschwätz und matte, gekünstelte Gefühlsduselei. Keiner von diesen Theatermännern oder Buchdramatikern fühlte in sich die starke Überzeugung oder gar noch die rauschhafte Hingabe an die Genialität Napoleons, um sich frei und leicht über die patriotischen Gärungen und preußischen Bindungen hinwegzusetzen und den selbstgenugsamen Heros, den welthistorischen Großen an sich zu feiern, vielleicht auch nur zu fassen; keiner aber spürte auch den regsamen patriotischen Geist so tief und stark in sich, daß er ohne Rücksicht auf des Korsen geniale Größe und menschliche Tragik an Napoleons Beispiel den Vaterlandssinn seiner Zeitgenossen rückhaltlos zu befestigen und zu stärken vermocht hätte. Aber gerade in dieser zwiespältigen Doppelheit, in dieser unverträglichen Zusammenballung der nationalen Ablehnung des Franzosenkaisers und der künstlerisch tragischen Verwertung des Büßers von St. Helena, eben in dieser Dissonanz spiegeln diese Dramen die herrschende Napoleonauffassung ihrer Zeit, die von vornherein dem Andenken des Korsen wenig günstig war. Zwar hatte die Überführung der Gebeine Napoleons von Helena noch einmal frische Nahrung für die Sänger der Napoleonlegende gebracht, aber es war doch nur eine äußere Rundung und romantische Abschließung des biographisch-legendären Elementes, keine Vertiefung des Mythos vom großen Menschen und Helden Napoleon.

DRITTER HAUPTTEIL: NAPOLEON ALS ÜBERMENSCH.

Das Nebelhaft-Romantische und Launig-Anekdotische in der mythischen und legendären Verklärung Napoleons hat mit diesem Augenblick der Bestattung in französischer Erde seinen letzten äußeren Zug und sein spätestes Wahrzeichen gefunden. Von nun an besteht die Wandlung und Umschaffung dieses Mythenbildes nicht mehr im Ankleben vereinzelter anekdotisch-romantischer Schnörkel an das Gesamtbild, sondern in der Neuprägung und Umwertung dieses Gesamtbildes selbst; von nun an fügt nicht mehr Begehr und Bedarf des ruhmdürstigen Veteranen oder des freiheitbegeisterten Schwärmers dem Idealbild des Herrschers und Büßers ein tausendfältig variiertes Einzelidyll an, sondern ein großer freier und weiter Geist gehört dazu, sich jetzt nach den Eigen- und Zeitbedürfnissen an Napoleons Gestalt Maß und Richte für sich selbst und seine Mitmenschen zu schaffen. Der Dichter, besonders der Dramatiker nach Hebbel verwertet meistens diese philosophischen Spekulationen und historischen Theorien seiner Zeitgenossen, und nur selten vermag er selbständig von innen heraus eine Neuprägung des Mythos und zugleich dessen anschauliche dramatische Verkörperung zu leisten. Der Napoleondramatiker ist j e t z t in den meisten Fällen nur szenischer Umsetzer der Napoleonauffassung seiner Zeit. Deshalb versinnbildlichen selbst die fragwürdigen Erzeugnisse des letzten Jahrhundertdrittels etwas von der herrschenden Meinung ihrer Zeit, die sich klarer und entschiedener ausgesprochen bei den Führern und Leitern selbst findet. Vereinzelt und verselbständigt begegnen uns jene polaren Strömungen, die das Drama synthetisch verquicken wollte, bei den hervorragendsten Denkern, Künstlern und Geschichtsschreibern der Bismarckschen Ära: bei Wagner dem Künstler, Bismarck dem Staatsmann, Treitschke und Burckhardt den Historikern der Zeit. Sie alle bekunden mehr oder weniger (am stärksten Jakob Burckhardt) das für ihre Zeit charakteristische Schwanken in der Beurteilung Napoleons, und erst Nietzsche konnte zu Napoleons Gesamtgestalt und Gesamtwirkung *„ja sagen"*. Selbst Burckhardt noch war von *„weltgeschichtlichen Betrachtungen"* her auf Napoleons Persönlichkeit gestoßen als Symbol historischer Machtäußerung, Treitschke geriet aus einer *„künstlerischen"* Freude an kämpferischer und bewegter Zeit auf ihn als den *„größten Mann des Jahrhunderts"*, Bismarck kümmerte sich aus staatsmännischen Fachinteressen um Wege und Mittel napoleonischer Politik, und Richard Wagner endlich zeigt sein wärmstes Interesse und seine höchste Begeisterung für den *„großen Napoleon"* dort, wo er aus *„dem Geiste der Musik"* heraus seine Erscheinung und Wirkung streift. Mehr oder weniger bleiben sie alle innerhalb beruflicher Grenzen, und bestenfalls Wagner und Burckhardt haben etwas geahnt von dem *„Problem"*, um dessentwillen für Nietzsche Napoleon einen größeren Wert gewann als irgendeine Gestalt der neueren Geschichte.

1. Kapitel: Nietzsche und seine Wirkung.

Nietzsche war nach Goethe der erste, der die *„Ganzheit, Hoheit, Größe"* Napoleons wieder fassen, bejahen konnte und sie — darin ging er vielleicht sogar über Goethe noch hinaus — mit heller Herzensfreude, mit hohem Recht anrufen und beschwören durfte. Sein Anruf und Schwur freilich hat nichts gemein mit der Schwärmerei und Anbetung der Napoleonsänger und Freiheitsapostel: diese rafften sich aus Augenblicksnöten und zeitlichem Unbill an einem ideal-verklärten Freiheitskünder Napoleon empor. Nietzsche schaute von gleicher, ja höherer Warte: ihm war selbst Napoleon nur höchster Grad der Annäherung, höchstmögliche historisch leibhafte Vorwegnahme seines *„Übermenschen"*. Nietzsche hat zuerst Napoleon nicht mehr von seiner Um- und Mitwelt aus gesehen und gemessen wie das junge Deutschland, Grillparzer und auch noch Hebbel, sondern diese Welt von Napoleon aus und um Napoleons willen. Für das junge Deutschland war Napoleon weniger der Heros und Titan als vielmehr der tragische, mißverstandene Dulder. Bei Hebbel gewann dann diese Tragisierung und weltschmerzliche Verzückung (die zugleich eine Verzerrung oder doch Verkleinerung am echten Napoleon bedeutet) eine zugleich objektivere Richtung und kosmischere Rundung (gegenüber Byrons und Heines romantischem Subjektivismus) durch die peripherisch-exzentrische Bedeutung von Hebbels Tragikbegriff: Hebbel faßte Napoleon mit Hegelischen Maßen als Exponenten im ewig währenden Kampf des Individuums mit der Welt, wo die Jungdeutschen und auch Grillparzer noch den rein subjektiv individuellen Kampf des einen großen Individuums gegen die vielen kleinen geschaut und genutzt: immer aber ward Napoleon von der Welt und den andern aus gesehen und gemessen. Nietzsche erst hat diese Wertmaßstäbe zerbrochen und zunächst den großen Genius an sich und für sich, um seiner selbst und nur um seiner selbst willen gewertet und gerufen. Freilich zwang auch ihn zuerst ein jugendlicher Freiheitsrausch und tragisierender Märtyrerkult in die konventionelle Bahn der Napoleonverehrung, die er selbst noch miterlebt: in einem langen Gedicht *„Über fünfzig Jahre“* hat er die ersten Jugendeindrücke und übernommenen Gesinnungen festgehalten. Dann aber feiert er Napoleon in einer ununterbrochenen Kette rascher Aphorismen oder weiterer Ausführungen von den *„Unzeitgemäßen Betrachtungen“* bis hinauf zur *„Götzendämmerung“* und den spätesten Exzerpten des *„Willens zur Macht“* (nur in den Zeiten seiner unbedingten Wagner-Freundschaft und -Feindschaft war Napoleon ihm stumm). Unter allen historischen Gestalten, unter der ganzen Fülle außergewöhnlicher Persönlichkeiten und hervorragender Genies, die Nietzsche als beispielhafte Mahner auf dem Weg zum Übermenschen anruft, ist Napoleon der meist genannte, vielleicht der richtigste und nächste, jedenfalls der hellste und klarste. In ihm verehrt Nietzsche nicht nur den *„Einbruch echt antikischen Wesens“* in eine unantikische Welt und Zeit, nicht nur (neben Goethe) *„die große und einzige Rechtfertigung des 19. Jahrhunderts“*, nicht nur den wirtschaftlichen und politischen *„Einer Europas“*, sondern erstlich und letztlich das *„fleischgewordene Problem des vornehmen Ideals an sich“*, diese *„Synthesis von Unmensch und Übermensch“*, den Starken, Naturwüchsigen, Übermoralischen, kurz den leibhaften Vorläufer und berufensten Ankünders Zarathustras: ohne Napoleon kein Zarathustra; ohne dieses *„ens realissimum“* kein Übermensch (Ernst Bertram). Aus dieser Napoleonschau Nietzsches und mehr noch aus seiner Übermenschenkündung insgesamt nährt sich die gesamte deutsche Napoleonbetrachtung der Folgezeit, die sich in der Hauptsache die dramatische Verwertung des Napoleonstoffes angelegen sein läßt. Die zünftig-historische Biographie bleibt entweder in der philologischen Kleinarbeit August Fourniers oder in der verspäteten Rankeabhängigkeit Max Lenzens stecken. Die Lyrik verstummt oder behandelt kaum einzelne Episoden aus dem reichen Stoffgebiet (C. F. Meyer, Ernst Lissauer); der Roman wagt sich in zager Scheu bestenfalls an eine Gestaltung der Umwelt Napoleons, ohne auch hier, mit alleiniger Ausnahme von Max Ludwigs „*Der Kaiser*", künstlerisch oder zeitgeschichtlich Bedeutsames aufweisen zu können. Der Dramatiker aber gerät bis zu Carl Hauptmann hin mehr und mehr in den Bann von Nietzsches Übermenschenforderung: aus ihr entspringt denn auch stärker als je zuvor die unbedingte geistige Abhängigkeit des Bühnenkünstlers von den Forderungen des Denkers; aus ihr leiten sich die einzelnen Fäden der Beurteilung Napoleons her, gleichgültig, ob der dramatische Dichter den Stilforderungen und Richtlinien des einsetzenden Naturalismus gerecht werden will wie Karl Bleibtreu, oder den Zielen des Impressionismus wie die lange Reihe epigonaler Bühnenmänner und ephemerer Mitläufer bis auf Carl Hauptmann. Sie alle empfangen von Nietzsches Übermenschen her den ersten Anstoß zu einem dramatisch-verwertbaren Napoleon in gleichem Maße wie die Bearbeiter der italienischen Renaissancetypen. Nur wenige jedoch aus der übergroßen Zahl haben vermöge eigener künstlerischer Formungskraft und starker Einfühlungsgabe Nietzsches Einsichten annähernd verwirklicht, keiner aber vermochte zugleich ein bühnenfähiges Kunstwerk zu schaffen, das Napoleons Gestalt, seinem Werk oder seiner Wirkung irgendwie gerecht geworden wäre. Für die wechselnden Strömungen deutscher Kunst- und Weltanschauung von den neunziger Jahren des vorigen Jahrhunderts bis auf unsere Tage aber bietet diese immerhin doch verschiedenartige Bewertung und Behandlung Napoleons einen sicheren Gradmesser und eine klare Skala: zugleich und nicht zuletzt ein schlagender Beweis für die immerwährende Anpassungsmöglichkeit eines ewig gültigen Vorbilds und überzeitlichen Führers wie Napoleon.

II. Kapitel: Naturalismus.

Nietzsches aphoristische Charakterisierung, seine Deutung von Sinn und Zweck der Mission Napoleons ebenso wie seine Rechtfertigung von Napoleons Eigenkraft und -persönlichkeit — all das fand zunächst willige, ja vorbereitete Aufnahme und zugleich ausladende Erweiterung und Spannung (bisweilen sogar Überspannung) in zahlreichen Skizzen,

Studien und poetischen Versuchen des kraftgenialischen Neuerers Karl Bleibtreu (1856—1928). *„Revolutionäre"* Forderungen kunst- und kulturhistorischer Art führten ihn zu einem romantischen Realismus oder einer realistischen Romantik, die sein ganzes Schaffen kennzeichnen. Grabbe verwandt an Kraft und Schwung, überschäumender Fülle und stürmischer Begeisterungsfähigkeit für das Monumentale, Heroische, Titanische, dabei weniger nah und naiv, sondern bewußter, kritischer und zugleich polemischer als Grabbe, nimmt auch Bleibtreu aus der Geschichte, seinem *„Lieblingsbilderbuch"*, die dichterischen Stoffe zur anschaulichen und *„menschgewordenen"* Versinnbildlichung seiner idealen, romantisch-mythischen Heroenschau. Aber wenn Grabbe seine Gestalten zunächst und zumeist aus selbstgenugsamer Freude an Kraft und Macht, Wucht und Stärke im Mittelpunkt vielbewegter Zeitläufte und weltgeschichtlicher Ereignisse gesehen und gezeigt hatte, so suchte Bleibtreu jeweils die entscheidenden Phasen neuschaffender, umwertender Einschnitte im fortlaufenden historischen Geschehen zu fassen und die großen Männer vornehmlich als *„Umwälzer"* vermorschter Ordnung und *„Neugestalter"* oder zum mindesten Ahner und Wisser nahender Bedingungen und unausbleiblich notwendiger Lagen, als Verkünder und Vollstrecker des Weltgeistes zu werten. So sieht er — in vielleicht unbewußter Verquickung des Hegelischen Weltgeists mit Nietzsches Übermenschenkündung — neben Alexander, Cäsar, Friedrich, vor allem Cromwell *„den Faust der Tat"*, Cesare Borgia den *„Dämon der Renaissance"*, und ganz besonders Napoleon. Über die Helden des Altertums hinaus ist er ihm bedeutungsvoll als die *„zeitlich jüngste Menschwerdung des Genius vom höchsten Range"*, über Cromwell und Friedrich hinaus als *„der umfassendste und divinatorisch angelegteste Organisator und Massenleiter, als der größte Praktiker und Schlachtenmeister überhaupt"*. Hinzu aber kam als ausschlaggebender Faktor die *„Urweltlichkeit"* seines Charakters und Schicksals, *„die hehre Unerforschlichkeit dieses fleischgewordenen Fatums"*, die *„seit Alexander einzigartige, reizende Vereinigung der Jugend und des Genius mit dem Ruhm und der Macht"* und das unerschütterliche, fatalistische Vertrauen auf seinen *„Stern"*. Unter allen Heroen der Weltgeschichte fand Bleibtreu gerade in Napoleon seine sämtlichen Wünsche und Forderungen in kompakter, klar umrissener Einheit und doch zugleich wundersamer, romantisch ferner Symbolik vereinigt: hier offenbarte sich ihm anschaulicher und zwangloser als je zuvor gegenständliche Wahrhaftigkeit des realistischen, historischen Tatbestandes in Verbindung mit ewig gültiger romantischer Idealität eines trotz seiner Besonderheit allgemein-menschlichen, d. h. tragischen Einzelschicksals.

Erzählungen und kriegsgeschichtliche Studien erwuchsen aus Bleibtreus real-historischer Wirklichkeitsschau; aus seiner romantisch-entrückten Symbolforderung aber entstand das erste Napoleondrama, das seit Grabbes *„Hundert Tagen“* in die deutsche Literatur Eingang gefunden hat. Abgesehen nämlich von der sicheren Beherrschung des gesamten Stoffgebietes, abgesehen auch von der Weite und Frische des historischen Blickes überhaupt, erhebt sich Bleibtreus *„Schicksal“* über die Massenproduktion der letzten Jahrzehnte vor allem durch völlig neuartige und eigene Sichtung, durch Erfassung und Zusammenfassung des Haupt- und Urproblems, das sich in Napoleons gesamtem Leben, seinem Glück wie seinem Unglück spiegelt. Weniger die historische oder heroische Persönlichkeit als solche, noch die menschlich private Tragik eines Großen (wie vornehmlich Grillparzer das geplant hatte), kurz nicht nur Züge eines gewaltigen Charakters, nicht nur Zeichen einer mächtigen Persönlichkeit wollte Bleibtreu dramatisch gestalten; nicht so sehr Gebärde und Geste, Artung und Haltung eines vom Glück wie vom Unglück ganz besonders bedachten Mannes nahm er zum Vorwurf seines Napoleondramas, als vielmehr vor allem das *„Schicksal“*, die übermenschliche, ungewollte und unabwendbare Sendung Napoleons, sein meteorgleiches Auftauchen und sein naturhaftes, automatisches Emporsteigen, das Vertrauen auf seinen *„Stern“*. Diesen *„Stern“* aber, an den Napoleon mit vollster Klarheit seines weltüberschauenden Verstandes geglaubt hat, sah Bleibtreu in Josefine verkörpert: *„Voll Verstand und Herzensgüte“* empfand sie mit *„feinem weiblichen Instinkt“* die einstige Größe des *„Schicksalmannes“* voraus, sie brachte ihm die Armee, die ihm die erste Stufe bot zur Erklimmung seiner welthistorischen Größe, mit der Trennung von ihr wendet sich das Glück von ihm ab.

Der einsame Schwärmer, Träumer, Phantast und Idealist und zugleich die cäsarische Herrschernatur, der geborene Führer und schlaue Diplomat im General Bonaparte ist dabei hier mit einer realistischen Treffsicherheit gesehen und gefaßt wie nie zuvor in der deutschen dramatischen Literatur, und fast noch glücklicher, jedenfalls leichter und glatter als die Zeichnung seiner immerhin problematischen Gestalt ist das kontrastierende Milieu der koketten, immer verliebten Salondame Josefine und der ebenso schwatzhaften wie erbärmlichen Direktoren geformt. In der festen und engen Durchgestaltung des vorgefaßten Motivs (früher schon in *„Byrons letzte Liebe‘*, *„Seine Tochter“*, *„Dämon“* und *„Harold, der Sachse“* berührt, aber nie so folgerichtig durchgeführt) in der klaren und realistisch lebenswahren Zeichnung der Personen (auszunehmen dabei vielleicht nur Josefine) stellt dieses

Schauspiel den Höhepunkt von Bleibtreus bisherigem dramatischem Schaffen dar, als Napoleondrama darf es neben Grabbes „*Hundert Tagen*“ bis zu Blumes „*Bonaparte*“ seinen Rang behaupten, wenn nicht wegen der Tiefe der Auffassung und Erfassung von Napoleons Wesen (die unter ihrer konstruktiven Künstlichkeit leidet), so doch wegen der originellen Art der Problemstellung an sich. Gerade in dieser systematisch starren Einseitigkeit der fatalistischen Motivierung konnte Bleibtreu das Übermenschlich-Schicksalhafte, das Märchenhaft-Unbegreifliche zugleich mit dem Menschlich-Naturhaften, Historisch-Glaubhaften, kurz das Romantische und das Realistische klar und knapp vereinigen. Ohne eigene Erfindung oder Ergänzung formte er den realen historischen Stoff unter dem höheren Gesichtspunkt eines irrealen überhistorischen Allgemeingedankens.

Ob jedoch Bleibtreu mit seinem „*Schicksal*“ das Beste geschaffen hat, was dem Realismus neuerdings im Geschichtsdrama gelungen ist (Vogt und Koch), wagen wir nicht auszumachen, zumal der Autor selbst diese erste Fassung später verworfen und umgearbeitet hat. Hier zeigt er dann (1888 und später im „*Übermensch*“, wie die dritte und letzte Fassung heißt), wie sich Napoleons Schicksal erfüllt, wie er grausam, despotisch, pomphaft, machtlüstern und unersättlich nur um der Politik willen Josephine verstößt, und wie sich von diesem Augenblick an das Glück von ihm wendet. Aber Bleibtreu vermag hier nicht mehr die Tatsachen selbst real und plastisch vorzuführen, nicht mehr das launige und unfaßbare Weben und Wehen des „*Schicksals*“ versinnbildlichend, geschichtlich und menschlich glaubhaft, festzuhalten. Die beiden neu angefügten Akte sind nur Ausschnitte, Einzelbilder herausgerissen aus dem organischen Ablauf des historischen Geschehens, praktisch reale Belege für Bleibtreus Schicksalsthese, keine Tat mehr, sondern Erinnerung an das Tun, kein Schicksal mehr, sondern verzagende Resignation angesichts der Macht des Schicksals. Der realistische Forderer in Bleibtreus Wesen überbot hier den romantischen Beschauer, wenn er so, selbst auf Kosten ästhetisch-künstlerischer Wirksamkeit, die historische Richtigkeit seiner idealistisch-, un- und überhistorischen Fragestellung zu erweisen strebte. Gerade darin zeigen sich die beiden Pole von Bleibtreus Wesen und Schaffen in unverhohlener Offenheit: der romantische, subjektiv-genialische Augenblicks- und Stimmungstrieb und die glatt-realistische, objektiv-erdengebundene Forderung und Formungsvorschrift. So klafft auch in Bleibtreus „*Schicksal*“ ein starker Riß, wo die eindeutig klare Herausstellung und bewußt harte Formung der symbolhaften Josefinehandlung auch weiterhin als einzige, unbedingt-übergeordnete Richtlinie an die realistisch-historische

Tatsachenschilderung unvermittelt, unharmonisch und unberechtigt (äußere Zufälle sind noch kein gültiges Maß für die Ergründung eines gewaltigen welthistorischen Phänomens) herangetragen wird. So starr auch Bleibtreu diese Behandlungsart als die einzig mögliche (hinsichtlich des stofflichen Umfangs sowohl wie der seelisch-menschlichen Ergründungsmöglichkeiten) verteidigt, so behauptet er daneben doch selbst, daß im Drama niemals der Kern und die wirkliche, innere Wesenheit Napoleons mit solcher Klarheit und Wahrheit erfaßt und gestaltet werden könne, wie bei Schilderung seiner „*Arbeit*", seiner Schlachten. Was Bleibtreu in dieser Gattung selbst geschaffen hat, gestützt auf umfassende politische und militärtechnische Kenntnisse und geschärft durch einen immer wachen kritischen Blick, das zu untersuchen, steht uns hier nicht an. Wichtig und bemerkenswert aber bleibt, daß er immer, gleichgültig, ob in novellenartigen Skizzen oder in streng kriegswissenschaftlichen oder kriegsphilosophischen Werken den gleichen pathetischen Überschwang bekundet, den er dem „*Genie*" und „*Heros*" und „*Übermenschen*" von früh auf entgegengebracht hat. Neben Byron, dem „*Helden des Gedankens*", bleibt Napoleon der „*Held der Tat*", sein „*Führer und Leitstern*". Das Gesamtbild Napoleons hat Bleibtreu durch seine kritischen Einzeluntersuchungen wesentlich erweitert (wenn auch nicht vertieft) und vermöge seines genialistischen Allwirkungsdranges vermochte er die einzelnen Phasen, wenn auch bunt und wirr und widerspruchsvoll, zusammenzuraffen und jeweils zu verwerten. Heines romantische Vergötterung findet sich neben Grillparzers intuitiver Erfühlung, Grabbes Heroenkult neben Hebbels begrifflicher Zergliederung, Nietzsches Übermenschenkündung neben eigener demokratischer Umdeutung (wie wir sie bei Emil Ludwig wieder antreffen). Frischer und freier als in seinen dramatischen Werken offenbart Bleibtreu gerade hier seine eigenste Stärke und Schwäche: rhetorische Pathetik, realistischen Scharfblick, romantischen Heroenkult und wütende Polemik gegen philiströse Moralkritik. Von dem Dichter und Künstler Bleibtreu aber, auch von dem Schöpfer des „*Schicksal*" (seines bedeutendsten historischen Dramas) gilt, was Oskar Walzel über M. G. Conrad, Bleibtreus Mitkämpfer, gesagt hat: „*Ein temperamentvoller Umstürzler verfocht seine Überzeugungen und vergaß zu gestalten*".

III. Kapitel: Impressionismus.

Bleibtreus naturalistische Forderung, die exakte Durchführung beziehungsweise Anwendung seiner Schicksalsthese hatte die einheitliche

Wirkung seines Dramas zerstört und sein eigentlichstes Ziel: die historisch getreue Erfassung von Napoleons Gestalt und Charakter, zum mindesten einseitig verengt: in den beiden letzten, später angehängten Akten zeigte er nur noch einen jähen, dämonisch fordernden Nimmersatt und einen gebrochenen, weltentrückten, romantischen Träumer. Aber gerade damit kam er den Bedürfnissen der üppig wuchernden Napoleondramatik seiner Zeit weit mehr entgegen, als durch die eherne Monumentalität und unverrückbare Härte eines fatalistisch-fernen und doch zugleich gegenwartsnahen Napoleon. Bleibtreu war der erste und auch der letzte, der es wagte, all die verschiedenen Strömungen und variierenden Strahlungen des Liebhabers, Befehlshabers, Kaisers und Entthronten unter einem einheitlichen geschlossenen Gesichtspunkt zusammenzufassen. Er führte all diese Einzelzüge auf das *„Schicksalhafte"* des Übermenschen zurück oder leitete sie vielmehr daraus ab. Darin ist er den impressionistischen Epigonendramatikern, die noch bewußter von Nietzsche her die Perspektive und das persönliche Maß für Napoleon übernahmen, verwandt und vielleicht überlegen. Denn die Impressionisten suchten nicht mehr wie Grabbe, Grillparzer und noch Bleibtreu (der eben an der Vereinigung von Grabbes und Grillparzers Formungs- und Betrachtungsart scheiterte) in ihrer Dichtung zugleich eine Deutung (gleichgültig, ob individuell-charakteristischer oder historisch-sachlicher Art) zu geben, sondern sie übernahmen mit dem Napoleonstoff zugleich die Wertung, die Nietzsche der historischen Gestalt und dem privaten Menschen Napoleon zugeschrieben hatte. Der ganzen ethisch-moralischen Lebenshaltung und künstlerisch-ästhetischen Gestaltungsmöglichkeit des Impressionismus entsprach Napoleons Größe nicht nur in ihrem *„grenzenlosen Individualismus und Egoismus"*, ihrer *„Vornehmheit und dem Pathos der Distanz"*, sondern auch in selbstgenugsamer Genialität; den künstlerisch-ästhetischen Gestaltungsbedürfnissen kam sie entgegen, weil *„eine Größe, die ganz hinter der Sache die Person zurücktreten läßt und in zweckvollem Wirken Bleibendes geschaffen hat, wie die Bismarcks, nicht aufzukommen vermag gegen die die eigene Person ganz und anders zur Geltung bringende und im einzelnen Erfolg effektvollere und blendendere Größe Napoleons"* (Richard Hamann). Über Nietzsche, oder um im dramatischen Ressort zu bleiben, über Bleibtreu hinaus wollen die Napoleondramatiker des Impressionismus daher von vornherein keine neue Art der Sichtung und Messung, keine problemaufwerfende, mythenschaffende oder gar zersetzende Umwertung und Neugestaltung bieten, sondern ihr Bemühen gilt der dramatischen Verarbeitung einzelner Situationen, Ereignisse, Erlebnisse, kurz Teilerscheinungen aus dem Gesamtkomplex von Napoleons Leben und Schaffen. Durch diese Auswahl und „*Vorliebe für Darstellungen vorübergehender Momente und Bewegungen, die in der ganzen Zufälligkeit eines momentanen Sinneseindrucks wiedergegeben werden*“, unterscheiden sich diese Dramen hauptsächlich von den Massenprodukten der vor- und frühimpressionistischen Zeit, mit denen sie an künstlerischem Werte auf einer Stufe stehen. Hatte man dort immerhin Aufbau und Geschlossenheit der Handlung, klare Gruppierung und Einfügung der Personen in den einmal bestehenden oder selbsterschaffenen Handlungsverlauf versucht, so begnügte man sich jetzt mit der Aneinanderreihung selbständiger, nur in Charakter und Stimmung entsprechender Teile: nicht mehr ein, trotz aller An- und Umhängsel, dramatisch sich abrollender Längsschnitt, sondern eine willkürliche und wahllos herausgegriffene Angliederung von in sich abgeschlossenen Querschnitten kennzeichnet den künstlerischen Bau dieser Dramen. Damit ist zugleich die Art der Behandlung und Verwertung Napoleons gegeben: bald sentimentaler Schwärmer, bald pathetischer Schwätzer, dann dämonischer Forderer oder rasender Polterer wird er in Charakter und Haltung jeweils der einzelnen Situation angepaßt. Aber es kommt hier nicht auf klare Darstellung, sichere Herausstellung oder gar konsequente Entwickelung der Menschen und Ereignisse an, sondern nur auf Stimmung, Gefühl, Einfühlung in Menschen und Ereignisse. Selbst dort, wo man vom historischen Geschehen ausging, nutzte man dieses nur als Spiegel für Seelenstimmungen und Regungen des Helden, seltener als verknüpfende Überleitung und Verbindung zeitlich entfernter Gegebenheiten. Von Grabbe übernahm man schablonenhaft und manieristisch, ohne Blick und Gestaltungskraft die Pöbelszenen, bei denen der Gardegrenadier immer breiteren Raum und Eigenwert gewann. Keine Charaktere, sondern Typen, keine Handlung, sondern Stimmung, keine Dynamik, sondern Statik wurde in wahllos zerflatternder Form gebracht: bald wuchtig und wild, öfter jedoch dünn und dürftig. Alles ist angelegt auf äußere Geste, mimische Theatralik und stimmunghaschende Pathetik. Lyrisierend-deklamatorischer Monolog und hastig-zerfahrener Dialog wechseln beständig (oft genau entsprechend in der Anordnung und Stelle im einzelnen Akt) und suchen die handlungsarme Leere zu ersetzen oder auszufüllen. Eine Entzweiung zwischen Politik und Mensch einerseits, napoleonischer und alliierter Umgebung (die Dramen dieser Zeit wählen mit Vorliebe die Zeit während oder nach dem russischen Feldzuge) andererseits durchzieht all diese Werke und schafft so automatisch Konfliktsmöglichkeiten. Aber nicht diese Konflikte selbst, ihre Entfaltung und Austragungen, sondern die Anlässe und vorzüglich die Wirkungen werden darzustellen versucht, und zwar immer mit Bezug auf Napoleon selbst. Von ihm laufen die konfliktschaffenden oder -lösenden Fäden aus, gleichsam selbsttätig: von den höchsten Kabinettsangelegenheiten bis herab zu den niedrigsten Pöbelspäßen. So entsteht zugleich eine Konzentrierung auf die Gestalt Napoleons und eine schnörkelhafte Ausweitung des Schauplatzes. Aber diese Anhängsel sind hier nicht um ihrer selbst willen explosiv herausgewachsen und gewuchert wie etwa bei Grabbe (der zwar bei ihnen Pate gestanden), sondern absichtlich angeordnet (wenn auch unharmonisch angeklebt) als Reflexe von Taten, Stimmungen und Empfindungen Napoleons, um den sich alles schichtet und dreht. Diese Konzentrierung auf die Gestalt Napoleons aber bedeutet nicht zugleich eine Gesamtdarstellung all seiner verschiedenen Charakterzüge und Lebenswendepunkte, sondern die impressionistische Abneigung gegen Kompaktes, Klarumrissenes, Lineares sowohl wie gegen logisch Notwendiges, Sichentwickelndes, Fortschreitendes bedingt eine Zerspaltung des Gesamtcharakters, eine Auflösung in einzelne, weniger für das Wesen Napoleons als für die Bedürfnisse der Zeit bezeichnende Motivgruppen. Napoleons Verhältnis zur Frau, sei es nun Josefine, Waleska, Königin Luise oder wer sonst, und seine Einsamkeit, sein Allein- und Unverstandensein, seine „*Distanz*" von den Mitmenschen, beides bedingt in erster Linie durch impressionistische Lebensanschauung und Lebenshaltung, scheiden als Hauptfaktoren das bunte Gewirr der Napoleondramatik rein stofflich in zwei Hauptgruppen. Auf der einen Seite stehen die Liebesdramen, auf der anderen die Leidens- und Charakterstücke und zwischen beiden die Heroendramen. Psychologisierend und seelisch zerlegend stellen auch diese Dramen, wie die gesamte impressionistische Kunst, den Übermenschen einmal nach außen hin in bloßer Gebärde dar, dann aber als Dulder am eigenen Ich, und erschöpfen sich so entweder in pathetischen Phrasen oder lyrischen Ergüssen. (Die Regiebemerkungen über Napoleons Auftreten, Körperhaltung, Mimik usw. sind in diesen Dramen so zahlreich und eingehend wie nie zuvor und nachher.)

In der übergroßen Zahl der Liebesdramen ist neben Biesendahls „*Stern des Korsen*" (behandelt die Waleskaepisode), Hermann Bahrs „*Josephine*" (um ihres Verfassers willen) am meisten bekanntgeworden.

Vom großen Menschen, der gewaltigen Individualität Napoleons angezogen, wollte Hermann Bahr an Napoleon, als Symbol des Menschen schlechthin, zeigen, „*was jeder von uns auf seine Weise, im Umfang seines Wesens erleben muß*". Die Trilogie des Korsen — „*Josephine*" ist als erster Teil gedacht — soll „*eine Trilogie des* menschlichen *Lebens werden, die drei Teile unseres Daseins enthaltend: wie der Mensch für sich zu leben glaubt, alsdann vom Schicksal seiner*

Bestimmung eingefangen wird, bis er sein Amt getan, sein Geschäft verrichtet, seine Rolle ausgespielt hat und nun wieder vom Schicksal entlassen werden kann". Aber der Napoleon der „*Josephine*" stellt alles, nur nicht das Ideal dar, das Bahr in ihm als Vertreter von uns allen glaubte sehen zu dürfen. Bahr hat aus dem Bonaparte des italienischen Feldzuges einen verliebten, eifersüchtigen, aufbrausenden, untätigen, kindisch reizbaren, schauspielernden, unverantwortungsvollen „*Kleinen Korporal*", einen Hanswurst, eine Karikatur gemacht, einen „*Wiener Literaturnapoleon*", wie die zeitgenössische Kritik es drastisch-satirisch definierte.

Nicht um reale Schilderung des Milieus, um Zeichnung des historischen Kolorits, oder gar um vertiefte Erfassung der Charaktere ist es Bahr zu tun gewesen (wenigstens in diesem ersten Teil der Trilogie nicht), sondern er brauchte und brachte nur die Tatsache und gleichsam das Datum der Ereignisse, die Namen der Personen, nicht Ereignisse und Personen selbst; er konnte sich begnügen mit der Skizzierung und schablonenartigen Andeutung, mit dem tatsächlichen Lauf der Dinge, dem Was, er fragte nicht nach dem Ablauf, dem Wie und Warum. Ein Mangel an Psychologisierung und Motivierung, ein allzu launiges Hin und Her herrscht denn auch in diesem „*Spiel*", dessen Lustspielgattung nach dem Stück selbst (allerdings nicht nach den verheißungsvollen Ausführungen des Vorworts) zu urteilen, keine Frage mehr sein sollte. Halb von der Idee der symbolhaften Verwendung beeinflußt, halb angezogen von der Möglichkeit einer historisch wirklichkeitstreuen Bearbeitung eines so verlockenden Stoffes, fand Bahr nur noch den einen Ausweg: das Ganze gemütlich zu „*verwienern*". So hat denn Hermann Bahr, wenn auch ungewollt, eine Entheldung und Entmythisierung des großen Korsen versucht und auch durchgeführt. Von vornherein angestrebt hat er solche Verschiebung des Großen und Gewaltigen ins Kleine und Kleinste, des Ungewöhnlichen ins Alltägliche sicherlich nicht. Denn er brauchte ja gerade den großen Mann zur Erhärtung und augenfälligen Darlegung der ihm vorschwebenden Idee und Symbolik. Vielleicht hat niemand vor Bahr mit solch unbefangener Objektivität gerade die äußerlichen, allzu menschlichen und allzu verständlichen Züge, die wie jedem Großen auch Napoleon anhafteten, aus der Gesamtgestalt herausgeschält. Aber sicherlich hat auch niemand Zweck und Ziel einer Dichtung durch die Wahl eines solchen Stoffes so sehr ins Gegenteil verkehrt, und niemand sicherlich die Wahl gerade dieses Stoffes mit solchem Ziel und Zweck verbunden.

In der theoretischen Erwägung symbolhafter Verwertung Napoleons einerseits und der praktischen Wirkung der parodistisch-komischen Ausgestaltung andererseits beruht die Abbiegung von bisherigen Bearbeitungen des Stoffes ... eine Abbiegung, die doch zugleich Auffindung neuer, wenn auch nicht verheißungsvoller Möglichkeiten für die deutsche Napoleondramatik bedeutete. Eine Fülle von Dramen suchte in diesem Sinne bald *„den Gebieter der Welt im Hauskleide“* als liebevollen Sohn und sorgend bereiten Bruder zu zeigen, bald hinwiederum einen biederen Gatten oder stürmischen Liebhaber zur Schau zu stellen. Episode, Detail, Attrappe kann man hier nur noch fassen, wo Grillparzer tiefe Tragik geschaut, Grabbe gewaltige Historie und Bleibtreu strenge Symbolik gestaltet hatten. Von all diesen Stücken ist Bernhard Shaws *„Schlachtenlenker“* oder *„Der Mann des Schicksals“* der *„Josephine“* Bahrs, wenn nicht in Wahl des Stoffes und theoretischer Auffassung des Helden, so doch in tatsächlicher Wirksamkeit und Gestaltungsart am nächsten verwandt. Denn was Bahr erreicht hatte, ohne es zu erstreben, das erstrebte Shaw, ohne es allerdings zu erreichen. Shaw will bewußt Entheldung, Entweihung von Mann und Werk, aber *„er vermag nicht zu überzeugen, nichts von der schwachen Seite Napoleons zu geben, wenn er den Bonaparte des schwungvollen italienischen Feldzugs einfach sich mit einer Dame und einem dummen Leutnant herumärgern läßt“* und ihn zum Schluß ganz unvermittelt und unmotiviert als Mundstück eigenst Shawscher Ironie über England und Engländer nutzt. Das ist nur — mit Bernhard Diebold zu reden — ein gröblich deplacierter Napoleon. Für die Gesamtnapoleondramatik indes bleiben Bahrs *„Josephine“* und Shaws *„Schlachtenlenker“* bemerkenswert als Ansätze zu einer Zerstörung des napoleonischen Mythos in künstlerisch-dramatischer Form, als Kunstwerke betrachtet beides Kuriositäten: Bahrs *„Josephine“* wegen ihres unfreiwilligen Widerspruchs zwischen erstrebter Absicht und erreichter Wirkung, Shaws *„Schlachtenlenker“* wegen seiner leichtbeschwingten Improvisierung und unbegründeten Ironisierung eines ernsten und hohen Helden.

Hermann Bahrs *„Josephine“* beweist als krassester Auswuchs, gleichsam als Prototyp der Liebesdramen, aufs deutlichste, wie wenig diese Gattung eine eigentlich psychologische Ergründung von Napoleons Wesen und seelischer Haltung auch nur andeuten wollte oder konnte. Das Interessante und Pikante — auch das ein wichtiger Zug des Impressionismus —, das Anregende und Unterhaltende steht im Vordergrund und verdrängt in gleichem Maße Handlung und Charaktere. Demgegenüber besaß das Charakterdrama den Vorteil wirklichkeitsnäherer Realität und bunterer Fülle, mochte es nun Napoleon als großen und guten Menschen zum Vorwurf nehmen wie Richard Voß' *„Wehe den Besiegten"* oder als politischen Täter und zugleich tragisch-zerrissenen, mit sich selbst überworfenen Dulder wie Emil Ludwigs *„Napoleon"* (Drama, Berlin 1906). Dichteste Konzentration und kompakteste Durchdringung aller Einzelzüge glaubte man in dem letzten Abschnitt von Napoleons Leben, der Zeit unmittelbar vor dem russischen Feldzug bis zum Tode vereinigt zu finden, und deshalb bot diese Epoche dem impressionistischen Dramatiker die verheißungvollste Möglichkeit einfühlender Ergründung und Zergliederung. Aber meist blieben die Eindruckssammler in den einzelnen Phasen selbst stecken und gestalteten diese zu selbständigen Teildramen, die nur indirekt mit dem Drama zusammenhängen. Das typischste Beispiel ist Paul Friedrich, ein begeisterter Grabbejünger (Verfasser eines Grabberomans und Herausgeber von Grabbes Werken), der nach Grabbes Manier den Pöbel- und Kabinettszenen breiteren Raum gönnte als der Darstellung und Vorführung Napoleons selbst. Seine dramatisierte Historie ist eine Mischung aus Grabbes zeitkoloristischen Nebenszenen und eigenen, pathetischen oder sentimentalen Arabesken, ohne Gestaltungskraft, bald wuchtig und wild, bald dünn und dürftig, aber immer wahllos zerflatternd: Friedrich bringt impressionistische Ausbeutung der Einzelbilder, aber keine Gestalten und Charaktere, sondern nur Typen und Chiffern.

Richard Voß suchte eine Vermittlung zwischen Liebes- und Heldendrama dadurch zu bewerkstelligen, daß er den lyrischen Zauber eines idealen Liebhabers und jugendlichen Schwärmers Bonaparte hinüberrettete in die Zeit der Flucht von Elba. Ein unwahrscheinliches, unglaubhaftes, fingiertes und im eigentlichen Sinne des Wortes erdichtetes Fabelgespinst, erwachsen aus dem ebenso effekthascherischen wie theatralisch bestimmten Wunsche, den dämonischen Zauber der allberückenden, begeisternden Persönlichkeit Napoleons konkret und beispielhaft zu veranschaulichen, bringt einen idealen, weltenfernen Träumer und phrasenreichen Schwätzer Napoleon, der mehr durch Demut und Verehrung der Mitwelt gefeiert, als durch eigenes Auftreten und männlich-freies Handeln gerechtfertigt wird. In eine blut- und lebensarme Handlung von unmotivierten und unkonsequenten Reden oder Reflexionen hineingestellt, bezeugt er noch deutlicher als die im realen historischen Stoff befangenen Napoleongestalten, wie sehr man die von Nietzsche übernommene Perspektive des Großen, Heroischen, Starken, ins Private, Bürgerlich-Häusliche, Sentimentalisch-Gefühlsmäßige verdreht und verkleint, impressionistisch verziert und verbrämt hatte.

Auch Emil Ludwig wußte diesen zeit- und stilbedingten Wünschen des Impressionismus nicht festeren Halt und stärkere Kraft und dadurch eine bestimmendere Wendung zurück zu Nietzsche zu geben; auch er verstand es nicht, eine Anpassung an Forderungen, wie sie der „*Übermensch*“ an das dramatische Vermögen des Bühnenkünstlers stellt, realistischer durchzuführen; aber er versuchte doch, tiefere seelische Wärme und intensivere dramatische Spannung zu wecken, nicht zuletzt durch eine eigene neue Sichtung Napoleons selbst.

Ludwigs Napoleondrama entstammt, wie auch seine späteren biographischen Werke insgesamt, dem Bedürfnis, intuitiv erfassend und psychologisch zerfasernd dem Schnittpunkt von Genie und Charakter, von Übermensch und Mensch, von historisch-offizieller und familiär-privater Persönlichkeit nachzuspüren, zu zeigen, daß auch die Größten „*alle nur Menschen waren und alle dieselben Hemmungen und Schwierigkeiten, Verwirrungen und Leiden durchmachen mußten und doch die Gipfel erreichten*“. In Nietzsche fand auch er — er betont es ausdrücklich — den stärksten Anreger und vielleicht vorbildlichsten Heroenbeschwörer, nicht aber zugleich den feinsten Erfühler und tiefsten Künder seelischer Regungen und verborgener Stimmungen (der ist ihm Plutarch). So nahm auch Ludwig nur äußere Geste und Gebärde, nur Mimik und angehängten Nimbus des Übermenschen von Nietzsche her, aber durch die bewußt erstrebte Verinnerlichung und seelisch-psychologische Zergliederung seines Helden entging er der Gefahr fast aller Napoleondramatiker seit Bleibtreu, nämlich entweder in äußerem theatralischem Pomp und Prunk, in leerem Kraftmeiertum und lächerlicher Protzenhaftigkeit stecken zu bleiben, oder aber noch öfter in gekünstelte Stimmung, schwächliches Gefühl und breiigen Lyrismus sich zu verlieren. Emil Ludwig machte aus der Not eine Tugend, indem er beides vereinigte. Schon rein formal trägt sein Napoleondrama durchweg den klaren Stempel dieser Doppelgesichtigkeit. Jeder der fünf Akte zerfällt in zwei Szenen (nur im zweiten und fünften Akt nicht ausdrücklich von Ludwig angeordnet, aber doch ohne weiteres ersichtlich), von denen die erste jeweils den Kaiser, exakten Politiker, scharfsichtigen Staatsmann und gebietenden Feldherrn zeigt, während die zweite den Menschen, einsamen Träumer, Grübler und vertrauensuchenden Freund darstellt. Bis in die sprachliche Gestaltung hinein hat Emil Ludwig diese dualistische Antithese festgehalten und veranschaulicht, indem er den Kaiser in Prosa, den Menschen in Jamben sprechen läßt, beide jedoch in gleicher Weise knapp, abgerissen, andeutend, gedrängt und wuchtig, so daß die Worte „*wie Hammerschläge auf einen Amboß fallen*“.

Weil Emil Ludwig psychologisch-seelische Einfühlung und die entsprechende, dem Stoff und der Person, d. h. der jeweiligen Lage und Stimmung gemäße Ausdrucksart in annähernd harmonischer Verknüpfung zu Gebote stand, weil er tiefer und feiner und beweglicher war, vermochte Emil Ludwig ein wärmeres und packenderes Bild von Napoleon zu entwerfen. Wie sehr es ihm dabei um die Festhaltung momentaner Ereignisse und flüchtiger Augenblicke, um Ausschöpfung der Einzelstimmung zu tun war, bezeugt sowohl die Wahl und Begrenzung des Stoffgebietes (die Zeit unmittelbar vor bis unmittelbar nach dem russischen Feldzug) wie die Art der Darstellung. Stärker und strenger als alle seine Vorgänger verselbständigt Emil Ludwig die einzelnen Akte oder vielmehr die Szenen und Szenenteile, nur um in dauernd antithetischer Variation sein Grundthema von Genie und Charakter durchführen zu können. Daher wird alles Spiegel, Reflexion, handlungslose Stimmung: imperatorische Pose oder lyrische Glosse, impressionistischer Aphorismus über große Außenpläne und seelische Innenzuckungen eines Gewaltigen. Das Drama enthält so im Prinzip bereits die gesamte Problemstellung und psychologistische (wenn man will: psycho-analytische) Betrachtungsart, die Ludwig, in seiner labilen Anpassungsfähigkeit für die Bedürfnisse (weniger die seelischen als die *„nervigen"*) des Publikums, seiner Napoleonb i o g r a p h i e später zugrunde gelegt hat. Das Ganze aber bleibt doch nicht mehr als eine Mischung aus feinnerviger Seelenergründung und geschichtskundiger Tatsachenverwertung, ähnlich wie Emil Ludwigs Biographien eine Mischung sind aus romanhafter Stimmungsschilderung und historisch anekdotischer Erzählung oder Erklärung.

Ihre Vollendung und letztmögliche Steigerung erfuhr die Napoleondramatik des Impressionismus in Carl Hauptmanns großem zweiteiligen Schauspiel: *„Bürger Bonaparte"* und *„Kaiser Napoleon"*, ihre Vollendung und letztmögliche Steigerung insofern, als hier alle Motivvariationen seit Bleibtreu in großer Überschau vereinigt sind, ihre Überwindung und Überbietung aber durch höchst eigenwillige und eigenartige Konzeptionen Hauptmanns, die vordeutend auf expressionistische Anläufe hinweisen. Aber nichts würde dem Wesen und Wirken Carl Hauptmanns so sehr zuwiderlaufen, als eine feste Einbeziehung in diese oder jene Stilrichtung und Stilablösung oder gar parteiprogrammatische Inanspruchnahme für diesen Entwicklungsprozeß. In Carl Hauptmann erschien seit Bleibtreu zum ersten Male wieder eine weite und umfassende Persönlichkeit im Verhältnis zu den zahllosen engen und flachen Napoleondramaturgen der letzten Jahrzehnte, Bleibtreu selbst überragend in ihrem tiefen Ernst, festen Glauben und ihrer eigenartig mystisch-musikalischen Versenkungs- und Grübeleilust. Wie Bleibtreu ist auch Hauptmann Grabbes Art verwandt oder doch wenigstens vergleichbar, auch er ein spezifisch barocker Eigenformsucher, d. h. ein Meider fester übernommener Fügung, aber nicht wie Grabbe ein trotziger Zersprenger, auch nicht wie Bleibtreu ein harter Einzwänger, sondern ein musikalischer Formzerlöser und -zerdehner. Nach Grabbe ist Carl Hauptmann wieder der erste, der nicht von irgendwelchen, festen, bühnentechnisch und dramaturgisch bedingten Gesichtspunkten und Zweckmäßigkeiten her die Bearbeitung Napoleons ins Auge faßte; Hauptmann versuchte ohne jegliche Einschränkung und konstruktive Erwägung die ganze Buntheit und Beweglichkeit in und um Napoleon an sich und für sich gleich Grabbe aus reiner Freude am Geschehen selbst vorüberrauschen zu lassen, nur tiefer und feiner erfassend, zarter und lyrischer, musikalischer formend als Grabbe, mit weniger Überschwang und Kraft, aber mehr Gefühl und Seele. Denn was für Grabbe und Bleibtreu stürmische Begeisterung und rauschhafte Hingabe an das Trotzig-Titanische und Hart-Heroische in den großen Gestalten bedeutet, das ist für Hauptmann innerste seelische Sehnsucht nach dem „*Ragenden*", der „*den Blick der Gewöhnlichen ins Hohe, ins Machtvoll-Sinngebende gerichtet macht*", triebhafter Zug nach der „*klaren*", „*starken*", „*reichen*", „*freien*", „*einsamen*" und „*hehren*" „*Persönlichkeit*", als dem „*lebendigen Feuer, worin immer wieder alle Lebenswerte jung geglüht werden*" .... kurz was bei Grabbe Rausch und bei Bleibtreu Begeisterung auslöst, das erwirkt und erschaut Carl Hauptmann allenthalben durch „*Fahndung nach Seele*". Denn Hauptmann nimmt nicht von fertigen, geschichtlichen Bildern und Farben her Kraft und Anstoß zu künstlerischer Arbeit, sondern aus innerer selbsteigener „*Schau*" und tiefem Eigenwissen. Er ist weder ein eigenmächtiger Umformer historischer Ereignisse wie Grabbe noch ein fester Geschehniskenner wie Bleibtreu, sondern ein Mystisch-Allversunkener, ein „*einsamer Bergwanderer*", Grübler und Träumer, gelockt von dem „*lebensmächtigen Brausen und einsam hehren Rauschen des Eichwalds*", gebannt von den „*menschlosen, sprachlosen Wundern, von Strom und Stein — und Baum und Fisch und Vogel*". Er war zu sehr Mystiker und Musiker, zu wenig Historiker und Tatsachenmensch, als daß er diese Gesichte und Gefühle in einer entsprechend großen, tiefen und weiten g e s c h i c h t l i c h e n Persönlichkeit leibhafte Gestalt hätte annehmen lassen können. Unbeengt und freischwebend schuf er sich Charaktere und Personen aus seinen visionären Stimmungen, Ahnungen und Forderungen heraus gleichsam als sinnbildliche Träger und Deuter seiner Lebensweisheit und Weltanschauung, wie er sie in den Tagebuchblättern am persönlichsten und bekennerischsten niedergelegt und dramatisch in der Gestalt des Bergschmieds am freiesten und feinsten verkörpert hat. Im „*Moses*“ hat er dann zum erstenmal an überlieferten Ereignissen und übernommenen Gestalten das Typische zu individualisieren und das Zeitlose historisch bedingt zu vereinheitlichen und konkret zu verfestigen unternommen. Aber noch bleibt das Schicksal des einen und einzigen Moses kausal verknüpft mit dem Auf und Ab, dem äußeren Wachsen und den inneren Wirren seines Volkes. Erfüllung und Vollendung, letzte Rundung seines Wesens, seiner „*Persönlichkeit*“ und „*Gestalt*“ findet Moses erst in der Krönung seines Werkes, der inneren Gesittung und äußeren Erstarkung der Kinder Israel. Wohl ist schon Moses ein Einzelner, wie der Bergschmied „*aufgestiegen aus dunklen Gründen*“, ein Starker „*gespeist aus der uralten Erdentiefe*“, wie Christus, Lionardo, Rembrandt, Shakespeare, Beethoven, Goethe ein „*Ragender*“ und Überragender, der „*in Millionen Seelen als ihr Teil, ihr Grund und ihre Schau lebendig wird*“, ein „*monumentaler Geist*“, „*auf dem die Seele wie auf einem Felsen festen Fuß und festen Grund faßt*“, wohl trägt auch er, „*im Leiden erstarkt und zur Größe geboren*“, etwas an sich von der „*großen Seele, deren quälendes Schicksal Erschütterung und Mitleid weckt um ihrer selbst willen*“, weil sie „*durch Leiden und Schicksal ihre Größe gewann*“, — aber noch ist er nicht „*zermalmt und unendlich gehoben*“ in dieser Zermalmung und durch sie, noch nicht berufen und berechtigt zur „*lauten Verkündigung der Größe im Leiden*“, noch nicht entthront, erniedrigt, gebannt und geschmäht, verlassen und vereinsamt wie Napoleon. Hier erst fand Hauptmann einen völlig Einzelnen, Hehren und Hohen, der nicht mehr gebunden ist an die Geschicke eines Einzelvolkes und gebändigt durch das Wissen um Wohl und Wehe dieses Volkes, sondern ganz und nur Er selbst: ein weiter und tiefer Seelenerfühler, Menschenerfasser und zugleich Weltenerstürmer, getrieben von faustischem Alleroberungsdrang, beschwingt von idealer Weltenweisheit und begabt mit monumentaler Umsetzungskraft dieser inneren Gesichte in greifbare Manifestation und unvergängliche Historie. So soll Napoleon zum ersten Male als der Übermensch Nietzsches dargestellt werden, nicht in äußerer Geste und Gebärde, Mimik und Mummerei, sondern in innerer Höhe, seelischer Stärke, Kraft und Wucht, in weisheitsvoller Tiefe und gebietender Herrscherlichkeit, in Abneigung gegen Kleinheit und Dumpfheit, in weiter Empfänglichkeit und selbstbestimmender Gesetzlichkeit: vielleicht mit zu wenig Kraft und zu viel Seele.

Breit episch erzählend und weit ausholend, aber immer frei schaffend, nicht Geschichte kopierend, zeigt Hauptmann die inneren seelischen Schattierungen, weltanschaulichen Ansichten und ethisch moralischen Begriffe des Generals, Obergenerals und Konsuls Bonaparte in ihren jeweiligen Wandlungen auf. So sah er seinen Stoff nur oder zunächst nur von innen her und übertrug Gefühle, Stimmungen, Wünsche und Erwartungen, kurz psychische Bestände, die er an Napoleon enthüllt oder in ihm erfühlt und erschaut hatte, in entsprechende physisch-materielle Bindungen und anschauliche, wirklichkeitsnahe Prägungen. Die äußeren Tatsachen sind dabei für Hauptmann im Gegensatz etwa zu Bleibtreu nur wertvoll als Beispiel und Deutung für die inneren seelischen Wandlungen, als Wegweiser und Marksteine in neue Gefilde inneren Erlebens, Erfahrens, Erduldens und vor allem Überwindens. Im ganzen wird so allerdings mehr Bonapartes Wirkung als sein Wesen bestimmt, mehr der magische Zauberstrahl durch und um ihn, als in ihm gezeigt, mehr Demut und Bewunderung seiner Umwelt, als Mut und Wunderkraft seiner Inwelt, seines Selbst. Aber überall, wo Hauptmann Napoleon selbst in Person vorführt, da läßt der Dichter fein, versteckt und lyrisch zart ihn seine Stimmungen ausströmen, da sieht und sucht er in ihm den mystischen All- und Gottschwärmer, den Freiheitsbringer und Weltbeglücker, den Schutzvogt der Kirche und den Bruder der Menschheit, den Übermenschlichen, der kraft seiner großen, „*geharnischten*" Seele mit eherner Selbstsicherheit um das Glück seiner Mitmenschen weiß und seine seltsame Überlegenheit nutzt, die andern zu fördern. Leicht gerät Hauptmann dabei immer wieder in Gefahr, aus der dramatischen Person Bonaparte einen epischen Berichterstatter, aus dem Handelnden einen Beschauenden, aus dem Täter einen Träumer, wenn auch nicht einen matten Leider zu machen. Deshalb kann keine macht- und tatvolle, lebendige Handlung entstehen, sondern episch-lyrische Schau, Vorschau bei Bonaparte selbst, Rückschau bei seiner Umgebung. Aber es sind keine monologisierenden Rhapsodien oder schwulstigen Reflexionen, sondern ein leises Dahinschweben nach und vor den Ereignissen, ein Nachklingen der letzten Taten und ein Vorträumen der künftigen. Hauptmann bietet nicht mehr rein eindruckhaftes Dar- und Herausstellen, sondern eher ein episch-dramatisches Nacherzählen, ein stetiges Entrollen und Entwirren, ein ahnendes Erfühlen, keine realistische Tatsachenschilderung, kein sklavisches Anlehnen an historische Überlieferungen, sondern Lauschen, Spüren und Spähen. So bringt er weder eine kalte und glatte Sektion wie Emil Ludwig, noch wie Bleibtreu und Bahr einen unverrückbaren Gesichtspunkt, der an Beispielen beglaubigt werden soll und muß, oder gar kinomäßige Geschichtsreproduktion, wie drei Jahre vorher Richard von Kralik in seiner *„Revolution“*; Hauptmann zeigt kein bewußtes und bezwecktes Betonen, sondern stets ein williges und wohlwollendes Führenlassen von seinem Stoff und seinem Helden.

So entsteht im deutschen Napoleondrama seit Bleibtreu und Bahr wieder zum ersten Male ein Werden und Wachsen statt eines Seins, ein Entfalten und Enthüllen statt eines nachträglichen (chronologisch oder ideologisch bestimmten) Rückschauens auf diese natürlichen Verwandlungen und Entwicklungen: allerdings keine anschauliche Darstellung und Gestaltung der Vorgänge, sondern meist Reflexion und Meditation über die Vorgänge. Aber gerade inmitten von staatlich-politischen Taten und historischen Begebenheiten wollte Hauptmann die überragende Größe und außergewöhnlich seltsame Erscheinung des Menschen Napoleon festhalten oder zum mindesten überall durchleuchten lassen. Er faßte nicht wie Emil Ludwig Menschliches und Politisches in Napoleon als zwei verschiedene, gesonderte, wenn auch wechselseitig sich durchdringende Wirkungs- und Erscheinungsformen derselben Person, sondern wie Bleibtreu, und noch mehr als dieser, spürt er in dem Politiker, Staatsmann, Feldherrn, Diplomaten überall den Menschen auf. Ihm ist Napoleon auch als Kaiser, wenn nicht gerade als Kaiser, im Gegensatz etwa zu Unruh, immer noch der göttlich Getriebene, Beauftragte, Bestimmte auch dort, wo er menschliche Rechte zertritt und moralische Pflichten verletzt. Wie Hegel sieht er in ihm einen gewaltigen *„Seelenführer“* und prophetischen Kräftespürer, ein einmaliges, notwendiges, unersetzliches Werkzeug des allwissenden Weltgeistes. Überall soll Napoleon vor allem als der ur- und naturwüchsige, selbstschaffende, über Norm und Gesetz erhabene Eigenherrscher gezeigt und gespiegelt werden; so erscheint er als der frische und flotte Mann der Tat gegenüber den Schreiern und Schwätzern in Rußland und Österreich, als der stets bereite Kämpfer gegenüber dem ewig bedenklichen Zager auf Preußens Thron, als der schlaue Diplomat und *„kühne Händler“* gegenüber dem müden und morschen Bourbonen in Spanien, als der phantastisch-kühne und jugendliche Wagehals gegenüber der alten und engen britischen Majestät. Von diesem Gesichtspunkt des urwüchsigen Kräfte- und Seelenreichtums, des selbstbewußten Führertums faßt Hauptmann deshalb auch das Verdienst und vorbildliche Wirken seines Napoleon in einer zivilisierten und denaturierten Umwelt, und Diener-, Bauern- oder Soldatenszenen stellen die verflüchtigten Motivabwandlungen dieses einen Grundakkords seines Werkes dar. Aber historische Einengung und Zweckbezogenheit gestatte es Hauptmann nicht mehr, dieses tragische Bewußtsein des Alleinseins und Überdenandernstehens lyrisch zart und musikalisch schwingend festzuhalten wie etwa in den Tagebuchblättern und dem märchenhaft fernen und nächtlich schaurigen Spiel der „*Bergschmiede*". Dort konnte er überall fein und zart, versonnen träumend und sehnend seine Auffassung von Sinn und Zweck des Lebens und der Welt, von Aufgabe und Pflicht, Wunsch und Recht der großen Persönlichkeit mystisch musikalisch verströmen und verrauschen lassen; ohne Schranke in der äußerlich formalen Gestaltung wie in der weltanschaulich-idealen Ausstattung des Geschehens und der Charaktere durfte er dort seinen eigensten formenscheuen Gestaltungstrieb wuchern lassen, und vielleicht beruht gerade darin der seltsame Reiz und süßherbe Zauber dieser monologisch-dialogischen Lyrik. In seinem „*Napoleon*" hat Hauptmann nur einmal noch diese Saite annähernd in gleicher Wirksamkeit und ähnlichem Schmelz getroffen: in dem angehängten „*Nachspiel*", das den Tod Napoleons zum Gegenstand hat. Hier ist schon alles Mythos und Legende geworden. Hauptmann hat kein weitausholendes Fabelgespinst in süßlicher Sentimentalität um den „*gefesselten Prometheus*" gesponnen wie die zahlreichen Helenadramatiker oder Napoleons Tod mimisch allegorisch verputzt wie Chamisso in seiner Dramatisierung von Manzonis „*Il cinque Maggio*". In dieser knappen Schlußszene warf er alle Schranken dramatischer Einengung und bühnenwirksamer Zuspitzung weit mehr noch als im „*Vorspiel*" oder im „*Bürger Bonaparte*" und „*Kaiser Napoleon*" beiseite — denn noch stand ihm nichts zu Gebote von der shakespearischen Kraft und Wucht, wie er sie in seiner „*Langen Jule*" zum Ausdruck gebracht hat. Noch ist Hauptmann nur pantheistischer Schwärmer und mystischer Sucher, und nicht in künstlerisch-dramatischer Gestaltung, sondern in weltanschaulicher Belichtung besteht die Aufgabe, die er sich in seiner Napoleondramatisierung stellt. Ohne historisch beengte oder auch nur beeinflußte Einsicht und Nachsicht, deshalb ohne modern-zeitgemäßes Urteil und Vorurteil (wie bisher alle Napoleondramatiker) sieht er Napoleon, wo er ihn selbst Gestalt werden läßt, wie Nietzsche durchweg mit Napoleons eigenen Augen und denkt ihn mit seinen eigenen Gedanken. Nicht einen historisch richtigen Napoleon will er vor allem bringen (wie Kralik), sondern einen starken und vollen, tiefen und weiten Menschen, wie er ihn ersehnt und träumt, einen Natur- und Urwüchsigen, der eben wegen seines siegfriedhaften Überragens fallen mußte in einer ihm unbekannten Welt der Treulosigkeit und Tücke. Immer unbesiegt im echten, ehrlichen Kampf der mannhaften Kräfte, aber ohnmächtig gegen verborgenes Zischeln und unsichtbares Tuscheln schurkischer Verräterei gilt auch von ihm, was über seinen wesensverwandten unhistorischen Vorgänger, den „*Bergschmied*", gesagt wird:

„Denn was der Kühne nicht aus Freiheit hört ...
Er ist zu stark, um es für sich zu nützen,
Er ist zu achtlos." —

(„Die Bergschmiede", I, S. 18.)

Die eigentliche Tragik aber und schicksalverhängte Not des Helden überhaupt und damit auch Napoleons hat Hauptmann klarer und eindeutiger, wenn auch abstrakter als je zuvor, in seiner burlesken Sonderlingstragödie „*Tobias Buntschuh*" verkündet: „*Solche Menschen, die für die Menschheit Entscheidendes taten, waren im gewissen Sinne immer einseitig ... und immer Märtyrer....*"

Das eigentliche Napoleonbild des Impressionismus aber hat nicht Carl Hauptmann in seinem umfassenden Schauspiel geschaffen, sondern Emil Ludwig in seiner zwischen Historie, Poesie und Politik geschickt lavierenden psychologischen Biographie. Der Mythos Goethes und Nietzsches vermählt sich hier zwanglos und freudig mit politischen (republikanisch-kosmopolitischen und pazifistischen) Anschauungen unserer Tage, und das tragische Märtyrertum des heroischen Dulders vereinigt sich mit der romantisch-dämonischen Phantastik des welterstürmenden Nimmersatts. Über Deutschlands Grenzen hinaus hat Emil Ludwig damit einer breiteren Menge ihr eigenes Napoleonbild geschenkt: biegsam und geschmeidig, feiner skizzierend und bedeutsamer nuancierend als die kurz darauf erscheinenden romanhaften „*Biographien*", die Ludwigs Buch im Auslande zur Folge hatte, im ganzen aber — wenn auch aus einem Guß, leidenschaftgeschwellt und plastisch geformt — oft widerspruchsvoll zurechtgebogen, mehr gesucht als gesichtet, mehr poetisch als historisch.

VIERTER HAUPTTEIL: NAPOLEON ALS UNMENSCH.

I. Kapitel: Expressionismus.

Abgesehen von Emil Ludwigs Werk hat der Impressionismus und mit ihm Carl Hauptmann über Bleibtreu hinaus in weltanschaulicher Sicht und wertendem Maß kein neues Napoleonbild geschaffen. Bleibtreu selbst aber, der in seinem „*Schicksal*" historisch sachlich und naturalistisch richtig zunächst nicht mehr als eine bühnenmäßige Verwertung geschichtlicher Forschungsergebnisse anstrebte, beweist zur Genüge seine Übereinstimmung mit Nietzsche, wenn er die dritte und letzte Fassung seines Dramas *„Der Übermensch"* benennt. Nur technische Zugeständnisse an die Bühne und reale Verwertungsmöglichkeit zwangen ihn zu der Konstruktion seiner Schicksalsthese, mit deren Hilfe er den widerspenstigen Stoff einheitlich und naturgetreu zu meistern hoffte. Über solche Zugeständnisse und Verbindlichkeiten schritt der Napoleondramatiker des Impressionismus hinweg mit der ganzen Kühnheit und Freiheit, die er für stilistisch technische Fragen sich von vornherein ausbedang. So entstand in der überreichen Zahl impressionistischer Napoleondramen kein Werk, das sich an Bühnenwirksamkeit und dramatischer Durchschlagskraft mit Bleibtreus *„Schicksal"* auch nur von ferne messen könnte. Vor allem aber konnte Karl Bleibtreu nicht nur und ausschließlich, wenigstens nicht im gleichen Maße wie die Impressionisten, als dramatischer Umsetzer Nietzschescher Gedanken gelten, wenn er auch Strahlen von Nietzsches Übermenschenmoral in sein Werk eingefangen hat. Der impressionistische Napoleondramatiker hingegen sah sich mehr oder weniger als bewußten Verfechter von Nietzsches Napoleonauffassung, und selbst Carl Hauptmann — so sehr er den *„dekorativen"* Nietzsche glaubte ablehnen zu müssen — übertraf die dilettantischen Grabbeepigonen sowohl wie die Bahr, Voß und Ludwig nur darin, daß er dank der Fülle und Tiefe seines Wesens näher als irgendein anderer an die Napoleonauffassung Nietzsches herankam. Diese Napoleonbeurteilung Carl Hauptmanns und noch mehr das rein empfangende Aufnehmen, d. h. die bewußt erstrebte (wenn auch nicht erreichte) Veranschaulichung Nietzschescher Gedanken von seiten der Vorgänger Hauptmanns steht in krassestem Widerspruch zu den künstlerischen Bestrebungen und weltanschaulichen Wertungen der heraufkommenden neuen Stil- und Kunstrichtung des Expressionismus. Zwar nimmt man gerade Carl Hauptmann gerne schon als Wegbereiter oder Vorläufer dieser Umwandlung in Anspruch und stellte fest, wie sehr sich Hauptmann mit Forderungen und Gesinnungen der jüngeren Richtung berührt. In seinen Napoleondramen aber darf davon keine Rede sein. Hier kommt Hauptmann, wenn auch mit eigenen Maßen und Mitteln — die freilich oft nahe genug an Nietzsche erinnern — in seiner Auffassung Napoleons näher an Nietzsches Übermenschen heran als alle Napoleondramatiker vor ihm. Damit aber schon trennt ihn eine gewaltige Kluft von Lebensgefühl und Wertmaßstab des Expressionismus, dem Nietzsches Übermenschentum fremd und falsch erscheint, gegenüber der *„Heilsbotschaft vom aufopferungsfrohen Mitleid"*, gegenüber der Sittlichkeit des opferbereiten Mitgefühls, gegenüber einer welt- und menschenversöhnenden Nächstenliebe. Der Expressionist verschmäht den Sonderwert der großen Einzelpersönlichkeit und verurteilt kultische Absonderung der Größe und Weihe der Kraft, die nur Größe und Kraft und nicht zugleich moralischen Wert und ethischen Willen rein und lauter bekundet. Monumentalität gilt hier nur in Verbindung mit Moralität, Heroismus nur in Vereinigung mit Humanismus, Titanentum nur in Gemeinschaft mit Seelengröße. Der Held soll und muß zugleich Heiliger sein. Solche Schranken ethisch-moralischer Art verwehren die ungetrübte Freude und rauschhafte Hingabe an das Starke, Trotzige, Sprengende, Grenz- und Gesetzlose, Überschäumende, Übermenschliche und Übernatürliche. Das moralisch Gute, sittlich Förderliche und menschlich Nützliche wird als unverrückbares Maß und absoluter Wert an soziale und politische Begebenheiten herangetragen. Der Mensch, nicht als Individuum, sondern als Typus, wird das Maß aller Dinge. Wertschaffend und wertsetzend ist diese neue Geistesrichtung zugleich didaktisch-lehrhaft und prophetisch-kündend, zugleich satirisch-geißelnd und idealistisch-anspornend.

Von diesen Gesichtspunkten aus betrachtet und mit solchen absoluten Maßstäben gemessen konnten Gestalt und Werk Napoleons nur allzu enge und allzu strenge Richter finden. Der Expressionist als sittlicher Bewerter und moral-ethischer Belehrer durfte in Napoleon nur den Wider- und Unmenschen sehen, den Menschenschinder und Menschenzertreter, den frechen Räuber sittlicher Freiheit des Nächsten und den teuflischen Verhöhner aller moralischen Bindungen und menschlichen Schranken; der Expressionist als ekstatischer Rauschmensch und explosiver Formzersprenger aber mochte in dem stürmischen Forderer und rücksichtslosen Dränger Napoleon einen, trotz aller Übersteigerung, verwandten Typus seines eigenen barocken Lebensgefühles finden.

Mehr als die idealistisch-humanitären Programme antinapoleonischer Art mögen gerade diese formal-stilistischen Lockungen und Lockerungen, die der Weltenstürmer und Formzersprenger Napoleon dar- und anbot, einen der frühesten Vertreter des Expressionismus zur dramatischen Bearbeitung des Napoleonstoffes bestimmt haben. Hermann Essig, Mitglied der Berliner Sturmgruppe, schrieb bereits in den ersten Jahren des neuen Jahrhunderts (1903—05) ein Schauspiel „*Napoleons Aufstieg*“, das er freilich erst veröffentlichte, als sich die neue Richtung fester durchgesetzt hatte (1912). Dieses vieraktige Jambendrama ist so wenig wie Grabbes „*Hundert Tage*“ ein Charakter- und Heldenstück, sondern ein Aus- oder Querschnitt aus einer für Napoleons Leben und Schicksal wichtigen Zeit. Das Gären und Tosen wildbewegter Tage, angefüllt mit wichtigen und wuchtigen historischen Ereignissen, bot für Essig in gleichem Maße wie für Grabbe, vor allem Raum genug zur Anfüllung mit eigenen subjektiven Gebilden und Gesichten. Denn nicht auf realhistorische Vergegenwärtigung der Geschehnisse oder anschauliche Verkörperung der geschichtlichen Gestalten ging Essig aus, sondern vor allem auf programmatische Verkündung seiner eigenen Welt- und Menschenschau. So wirbeln in buntem Geflimmer Dämonen und Geistererscheinungen und sogar der Tod selbst neben und in den Personen des Stückes umher, das ein verworrenes Gemisch aus spiritistischer Phantastik und Symbolik darstellt. Denn auch die Träger der Handlung und ihre Mit- und Gegenspieler sind keine Menschen von Fleisch und Blut, keine Individuen mit Farbe und Umriß, sondern typenhafte Versinnbildlichungen metaphysischer Weltschau und Träger programmatischer Wertethik: sie sind selbst Philosophen, mehr oder weniger tiefe Sinner und Sucher nach den letzten und höchsten Dingen, mit denen sie die Gegenwart und ihre Forderungen umschleiern oder gar ganz auflösen.

In einen wirren Wirbel ekstatischer Schreie und dumpfbrütender Weltverachtung stellt Essig technisch-real und weltanschaulich-ideal die Handlung, die er in drei gleichmäßige parallele Geschehnisteile und Menschengruppen zerlegt: in die Verschwörung Cadoudals und der Polignac, in die er außerdem noch die Hure Hyazinthe verstrickt; zweitens in die Episode Enghien, die mit einer Liebesszene zwischen dem Herzog und seiner Braut Charlotte von Rohan einsetzt, durch Erscheinen eines englischen Gesandten und eines französischen Spitzels ihre äußerliche Hemmung erfährt und schließlich mit der Aufhebung und Erschießung des Herzogs Höhepunkt und Abschluß erreicht; drittens in die Napoleonhandlung, beginnend mit Ränken und Händeln gegen die Verschwörer und besonders gegen Enghien, durchsetzt mit dialektisch-rhetorischen Josefineszenen und schließlich über die Hinrichtungen hinwegschreitend zur prunkvollen Kaiserkrönung Napoleons und ausklingend in seine prophetisch selbstbewußte Thronrede.

Aber diesen bunten, dreifach verwobenen Knäuel hat Hermann Essig weder in dramatisch klare Handlung und bewegte Spannung aufzulösen verstanden, noch auseinander, logisch motiviert, zu entwirren versucht; denn im Grunde kam es ihm auf alles andere an, als etwa eine wirklichkeitsnahe Darstellung oder gar historisch getreue Auffrischung übernommener Gestalten und Geschehnisse in dramatischen Konflikten und lebendurchpulsten Kontrasten zu veranschaulichen: er wollte bewußt Entrückung, Entsinnlichung der Charaktere und Ereignisse. Nur bei den Frauengestalten, d. h. im Grunde nur bei der Zeichnung Charlottes hat er diesen expressionistischen Wünschen und Absichten greifbare Gestalt und seelisch-unterbauten, für die dramatische Handlung berechtigten Halt gegeben. Die männlichen Charaktere hingegen sind durchweg Programmkünder und Ideenträger: ungeklärt, chaotisch wühlend, von dumpfem Drang besessen und berauscht die Verschwörer Polignac und Cadoudal; frei und gerecht, liebend und leidend, aber allzu vertrauensselig und leichtgläubig der Herzog Enghien, und endlich die Umgebung Napoleons: fein abgeschattet von dem zwischen Pflicht und Neigung schwankenden Caulaincourt über den listig-verschlagenen Talleyrand und den dumm-fanatischen Hulin bis zu dem verräterischen *„Teufel"* Savary. Am wenigsten aber von seinem historischen Format und seiner überlieferten Fassung hat Napoleon selbst behalten. Er ist weder der ruh- und rastlose Konsul oder gar geistreiche Plauderer und scherzende Liebhaber, sondern nur ein dämonisch Besessener, Rach- und Herrschsüchtiger, zynischer Spötter, kalter Menschenverachter, frecher Gotteslästerer und dreister Schönredner: alles in allem der Freund, Nachfolger und Stellvertreter des Todes, der ihm seine Funktion eine Zeitlang abtritt, um nach der Thronrede, zum Schluß des Stückes, durch sein Lächeln und das Spiel mit der Krone symbolisch den eigentlichen Beginn seines grausen Regimentes anzukünden. Nicht zuletzt dadurch aber bezeugt Hermann Essig eindeutig und klar seine Auffassung von Napoleons Wesen und Werk, das ihm an sich schon Vernichtung, Tod und Mord bedeutet. So schuf er im Grunde das Gegenstück zu der euphemistischen und eudämonistischen *„Revolution"* des Gotterweisers Kralik, so sehr er sich von diesem auch durch Tempo und Aktivität der Einzelszenen und vor allem durch eigenwillige Sichtung der Personen unterscheiden mag. Aber noch ist die Handlung in *„Napoleons Aufstieg"* zu verknäuelt und verklittert, die Gestaltung der Personen noch zu laß und locker, die Wertung der historischen Ereignisse zu programmatisch eng und hart, kurz das Ganze ist noch zu wirr und wild, als daß Essig über eigene subjektive Empfindung und Spekulationen hinaus seiner Zeit und Mitwelt ein ihr gemäßes dramatisches Napoleonbild hätte darbieten können. Das vermochten auch andere Versuche gleicher Art nicht, seien sie nun *„spät-impressionistisch"* oder *„früh-expressionistisch"* wie Gerhart Hauptmanns Befreiungsfestspiel, oder vollauf *„expressionistisch"* wie Arnolt Bronnens Libidonovelle vom Fall des Korsen.

Gerhart Hauptmanns *„Festspiel in deutschen Reimen"* — um des Dichters und seiner Entwicklung willen beachtenswerter als Bronnes Erzählung — verdankt der gleichen äußeren Anregung wie des Epimenides Erwachen oder Kotzebues Freudenfeiern seine Entstehung: auch dieses Werk ist nicht unmittelbar aus der Welt seines Schöpfers entsprungen und losgerungen, sondern bestellt und bewußt zur Hundertjahrfeier der deutschen Befreiung gedichtet. Wie Goethe sucht auch Hauptmann das Wogenhafte und Chaotisch-Ungestaltete der historischen Kräfte und Bewegungen, ganz im Gegensatz zu Kotzebue, von höherer, fernerer Warte aus zu meistern: aber wo Goethe, bewußt seiner hohen Aufgabe, die stille Freude und den heiligen Ernst eines solchen Augenblicks verkündete, da schuf Gerhart Hauptmann aus hundertjähriger historischer Überschau heraus ein launiges, lockeres Knittelversspiel, mehr untermischt mit Satire und Spott auf die rühmenswerte Vergangenheit als getragen von dem Eifer und der Begeisterung für die freiheitsdurstigen Kämpfer und ihre edle Sache. Bediente sich Goethe allegorischer und symbolischer Gestalten mit nur schwer enthüllbarer Beziehung auf historische Persönlichkeiten und Ereignisse, so gefiel sich Gerhart Hauptmann darin, Personen und Dinge beim echten, wahren Namen zu nennen, mit dem Vorbehalt, die Weltbühne in ein Puppentheater zu verwandeln. Selbst Napoleon ist nur eine kleine, unscheinbare, lenkbare Puppe, die, nachdem sie ihre Rolle ausgespielt, zu den übrigen in den Kasten gelegt wird.

Auch Hauptmanns Spiel ist genau wie Goethes „*Epimenides*“ ohne jegliche persönliche Wärme und parteimäßige Nähe geschrieben und bringt weder eine Erneuerung und Erweiterung des Napoleonbildes noch eine begeisternde Darstellung des deutschen Freiheitskampfes (wie etwa Max Halbes „*Freiheit*“).

II. Kapitel: Fritz von Unruh.

Erst Fritz von Unruh hat — anderthalb Jahrzehnte nach Hauptmanns Festspiel — getrieben von eigenem seelischen Zwang und begabt mit dramatischer Umsetzungskraft dieser inneren Gesichte, das Problem vom „Unmenschen“ Napoleon tiefer zu erfassen und erfolgverheißender zu verwerten gewußt.

Fritz von Unruh unterscheidet sich schon dadurch von den meisten Napoleondramatikern seit Bleibtreu, daß er nicht von außen her an den Stoff herantrat, verlockt etwa durch den Reiz, den dieser leben- und landedurcheilende, tatendurstige und nimmerrastende Held für die Bühne mitbrachte, oder geblendet von dem Zauber seiner mächtig bewegten Tage und welterschütternden Taten. Über solche historischen Außenerscheinungen hinaus oder an ihnen vorbei galt es Unruh, in die tieferen Schichten seelischer Artung und menschlicher Anlage Napoleons einzudringen. Allerdings hatte auch ihn der äußere Glanz und bezaubernde Reiz der großen Persönlichkeit früher mächtig angezogen, und der Dichter des „*Louis Ferdinand*“ selbst, der gerade das höhere, bessere Recht des selbstbewußten, tätigen Einzel-Ichs gegenüber veralteter Pflichtauffassung und unhaltbarer Tradition verfocht, mußte auf Napoleon als den reinsten Typ solchen Tatmenschentums und selbstbestimmender Eigengesetzlichkeit stoßen. Aber im *„Louis Ferdinand“* deutet sich nur dumpfes Schauern vor dem Unfaßbaren und Unheimlichen in Napoleon an, keine Bewunderung für das Genie, keine Begeisterung für die Großtaten Napoleons bricht sich Bahn: ein unsichtbarer Schatten, ein graues Gespenst stürmt Napoleon über die morschen Trümmer des Preußenstaates hinweg. Noch mischt sich jedoch mit diesem Schauern und Schaudern vor dem Dämonisch-Düsteren in Napoleons Wesen eine gewisse unerklärliche Scheu und ehrfurchtheischende Magie vor dem Werk und Willen des gewaltigen Mannes: Napoleon wird für Unruh ein Problem, mit dem er lange gerungen hat. Das Schauspiel *„Stürme“* meldet an einer Stelle eingehend von dem tiefen Ernste und der hohen Verantwortlichkeit Unruhs bei der Behandlung und Berührung dieser Frage. Eine letzte Klarheit und ein abschließendes Urteil über Friedrich, Cäsar und Napoleon hat Unruh vor dem Weltkrieg noch nicht gefunden: dem Fürsten Friedrich sind diese Namen immer noch *„erzene Säulen“*, machtvoll anspornende Bilder und ruhmverklärte Ideale, und erst das liebeerfüllte und liebekündende Weib Iris bannt völlig *„die Männer mit dem metallenen Pomp des Todes“* aus seinem Herzen. Das tiefe Erleben des Krieges wischte dann bei Unruh selbst den letzten Schimmer der Scheu vor Heros und Genie hinweg, beseitigte das letzte Schwanken zwischen hoher Vergötterung und tiefer Verachtung. Das Ergebnis dieses Ringens und Rechtens um die Gestalt Napoleons hat Unruh in seinem Reisebuch *„Flügel der Nike“* (1924) festgehalten. Hier zeichnet er angesichts von Napoleons Grab im Invalidendom seine Auffassung von Schatten und Schmerz, Leere und Unrast des napoleonischen Krieger- und Kämpferlebens auf. Aber auch hier wollte Fritz von Unruh nicht aus kleinlicher Moralität und philisterhafter Engstirnigkeit heraus von vornherein den Stab über den Korsen brechen und, wie hundert andere von Napoleons Tagen bis in unsere Gegenwart hinein, feierlich-priesterhaft oder satirisch-spöttelnd, als vermeintlicher Anwalt der Menschheit, den *„großen Verbrecher“* Napoleon zum Richtplatz führen. Ihm galt es, den Anlaß und Anfang, den seelischen Urgrund aufzuspüren, der den Menschen Napoleon von der Liebe zum Haß, von der Treue zum Verrat, von der Tugend zum Laster trieb. In seelischer Not und unglücklicher Vereinsamung, hervorgerufen durch Josephines Treu- und Lieblosigkeit, glaubte Unruh das bestimmende Motiv zu Napoleons unersättlicher Gier nach Gloire und Empire zu finden.

Von diesem Gesichtspunkt aus faßt Unruh auch seinen dramatischen Helden Bonaparte in privat-familiärer und politisch-repräsentativer Hinsicht; denn echtes Familienleben und echtes Staatsleben fließen für Unruh aus der gleichen Quelle hohen Menschentums. Aber der Dramatiker Unruh brauchte außer dieser idealen Ursache und psychologischen Bedingung auch ihre reale Auswirkung und tatsächliche Bedeutung, außer dem Woher und Warum auch das Wie und Wozu. Denn er suchte nicht einen festen und fertigen, von Natur und Charakter aus bösen Barbaren Napoleon, sondern einen werdenden und wollenden Charaktermenschen, der zu schwach ist, seinen triebhaften Neigungen zu entsagen und deshalb dem Bösen anheimfällt. Diese Übergangs- und Entwicklungsphase im Leben Napoleons erblickte Unruh in der Enghienaffäre. Aber er nutzte nicht, wie Hermann Essig, den historischen Tatbestand als treffendsten Beleg und unerschütterlichsten Beweis für die tierische Bosheit Bonapartes, sondern für Unruh war diese Begebenheit nur Auftakt und schreckliche Vorbedeutung für Bonapartes Wandlung zum Unmenschen und Unmoralischen. Denn Bonaparte, der Konsul, emporgestiegen aus dem Nichts, emporgehoben dank eigener Kraft, er, der Träger einer neuen Form von Menschlichkeit und Schöpfer neuer Träume und Ideale, ward eine herrliche Verheißung, eine hoffnungsfrohe Vorbedeutung edlen Menschentums im Glanze hohen Heldentums. Aber in dem Augenblicke, wo aus dem schlichten Konsul der machtlüsterne und glanzgeblendete Kaiser, wo aus Bonaparte Napoleon wird oder werden will, in diesem Augenblick erstickt dämonischer Cäsarenwahn alles Menschliche, jedes Gewissen, jeden Glauben in ihm. Er steigert und erhöht sein Heldentum auf Kosten seines Menschentums. Mit blutiger Gier und blindem Frevel vernichtet er jedes Hindernis, das er sich im Weg glaubt. Jegliches Empfinden und Gefühl, Leid und Lust, Schmerz und Freude, all das erstickt der Dämon in ihm, der ihn immer nur weiter zerrt nach neuer Macht, größerem Glanz, reicherem Ruhm. Darin wurzelt Unruhs Auffassung von der Notwendigkeit eines seelischen Falles des dämongetriebenen, entmenschten Tyrannen Napoleon. „*Alles oder nichts*" heißt das Motto dieses in schauerlicher Vereinsamung Gehetzten und Gejagten, dem Entfremdung und Entfernung jeder echt menschlichen Regung, Nichtmehrverstehenwollen und Nichtmehrverstehenkönnen menschlicher Liebe und menschlichen Leidens seine innere und äußere Tragik schon frühe deutlich und unverhohlen ankünden. Hier glaubte Unruh den fruchtbaren Moment zu fassen, in dem sich diese gewaltige Wandlung vom hohen, mitleidfähigen Menschen zum niederen, grausamen Ungeheuer vollzieht. Zwischen drei Richtungen und Welten

(Enghienaffäre, Republikanerhandlung, Josephinehandlung), durch ihn bedingt und von ihm zusammengehalten, bewegt sich die Gestalt Napoleon Bonapartes. Fest und dauernd steht er in keiner der drei Grenzen, selbst unbegrenzt in seiner Unrast und Unersättlichkeit. Für ihn sind alle diese Welten nur Durchgangsbezirke, Episoden, Details, die er durchrast, all diese Menschen nur Schemen und Schatten, Stoffe und Mittel, die er für seine Zwecke formt und nutzt. Josephine soll ihm Mittel sein, *„daß er sich aus ihr überdauere“*, sie soll ihm den Leibeserben schenken. Minister, Offiziere, Soldaten sollen ihm Stütze sein bei der bevorstehenden Errichtung des Kaiserthrons.

Die Erschießung des Herzogs von Enghien bildet den Stoff, an dem sich die Handlung in allen drei Stufen emporrankt und in dem sich das wechselreiche Widerspiel zwischen und unter den einzelnen Personengruppen entfacht. Für Bonaparte wird diese Episode Enghien ein Gradmesser seiner menschlichen Empfindungsfähigkeit und seelischen Empfänglichkeit einerseits, letzter und notwendiger Schritt zur Verwirklichung seines Kaisertums anderseits; für Mutter Enghien wird sie erwünschter Aufruf, an dem bewunderten Manne ihren Sohn aus morscher Tradition in Bonapartes neue Weltanschauung und Menschenideale emporzuheben; für den unglücklichen Enghien selbst schicksalhafte Fügung, alte verbriefte Rechte wieder zu erkämpfen und neu zu beleben; für die Republikaner letzter Mahnruf, ihren Freiheitskult zu retten vor der Gier des Tyrannen; für Josephine endlich willkommener Anlaß zu lockeren Liebesabenteuern.

Bonaparte ist die weiteste und umfassendste, nicht die seelisch tiefste und reichste Gestalt des Dramas. Je nach den Verhältnissen, in denen er sich befindet, je nach den Ereignissen, die an ihn herantreten, je nach den Welten, in denen er sich bewegt, ist er bald der Privat-, bald der Staatsmann. Der physisch-schwache Mensch der Nerven und Sinne, krankhaft und kläglich, triebhaft und wildbegehrlich, eitel und genußsüchtig, geblendet von äußerem Glanz und strahlender Macht, kurz ganz Menschlein, unterworfen menschlichen Schwächen und physischen Leiden ausgesetzt: so kennt ihn Josephine; aber sie kennt nur den Privatmann. Als Mann der Tat und des festen Entschlusses, brutal in seinen Forderungen, begeisternd in seinen Verheißungen tritt er als Politiker und Führer seinen Ministern und Offizieren gegenüber. Aber selbst hier, wo er im ganzen Zauber seiner großen Persönlichkeit erscheint, als Sieger in allen Gefahren, die seinen äußeren Machtstellungen drohen, schon hier, wo er groß und gewaltig und achtunggebietend wirkt, weist der Dichter vordeutend hin auf die leere Nichtigkeit und bloße Äußerlichkeit seines bevorstehenden Kaiserregimentes, wenn er ihn unter höhnischem Spott seiner Umgebung mit Kronenfutteral und Tischtuch als Krönungsinsignien bekleiden läßt. Die Symbolik dieses leicht mißverständlichen Vorgangs wird tiefer und nachhaltiger ergründet in ihrer Bedeutung für die von Unruh angestrebte Fassung Napoleons, wenn man sie mit der Symbolik, die von Mutter Enghien ausstrahlt, zusammenhält und in diesem prohetisch verkündenden Sinne begreift. Diese Szene bedeutet nicht mehr und nicht weniger als eine vorwegnehmende Versinnbildlichung der tatsächlich von Unruh empfundenen Vernichtung des *„Menschen"* Bonaparte, der für die *„Bürgerin Wahrheit"* nur ein zynisches Witzwort und ein kurzes Nein übrig hat. Gerade hier, wo er wirkliche, echte, seelische Größe beweisen könnte, wo es um sein Menschen- und Gottestum geht, da sinkt er hinab in tiefste Tiefen und niedrigste Entartung, dem Verderben geweiht, ehe er noch die Höhe des Lebens und der Macht erklommen, entwurzelt und entgöttert, getrieben und gejagt nur von seinem bösen Dämon. Im vierten Akt erst — der eigentlich keine neue seelische Spannung mehr bringt, sondern nur noch die reale Auswirkung und summarische Zusammenziehung der Einzelhandlungen darstellt — vollzieht sich diese Fixierung und endgültige Klarstellung von Bonapartes Charakter. Hier erst schneiden sich die drei Kreise vollkommen in Napoleons Gestalt, um zu erweisen, nicht, wie er sie alle umspannt kraft seines weiteren Umfangs, sondern wie er sie insgesamt zerrissen hat: Josephine fürchtet ihn und faßt ihn nicht mehr, weil er in übermenschlichen Höhen schwebe, die Republikaner Carnot und Hulin hassen in ihm den Verräter der Freiheit und Knecht seiner *„gigantischen Ichsucht"*, der zynische Talleyrand kündet das Ende seiner Herrschaft an, und die Bürgerin Wahrheit wendet sich betrogen und getäuscht ab von dem falschen Propheten. In fast genauer Entsprechung zum ersten Akt zeigt Unruh hier weniger das Wesen und die seelische Artung Napoleons an sich — dieser Absicht diente vor allem der zweite und dritte Akt — als vornehmlich seine Wirkung auf Um- und Mitwelt, die bei Unruh — im Gegensatz etwa zu vielen Impressionisten und auch zu Carl Hauptmann — weder bloßer Spiegel und Reflex von Napoleons Wirken und Wollen, noch gänzlich autonomes und eigenlebiges Gebilde ist. Denn die Gestaltung fast aller Charaktere des *„Bonaparte"* entstammt einer realen Historienschau und zugleich der idealen Weltansicht Unruhs: sie sind mutatis mutandis Vereinigung und Durchdringung real-historischer Bestände aus den Vorkriegsdramen und symbolisch-metaphysischer Elemente aus den Nachkriegsdichtungen. Von seinen geschichtlichen Dramen her besaß Unruh genug feine Einfühlungsgabe und eindringlichen Spürsinn, von seinen geschichts- und zeitlosen

Menschheitsmythen und Symbolspielen genug gestalthafte Vergegenwärtigungskraft und eigenen Formungswillen, um Grenzen und Gesetze beider Welten, stilistisch-formal wie idealistisch-material, d. h. nach äußerer Form wie nach innerer Fülle harmonisch abwägen und verteilen zu können. Unruhs „*Bonaparte*" ist weder objektive Dramatisierung eines immer aktuellen Geschichtsabschnittes, noch beispielhafter Beleg einer neuen subjektiven Weltanschauung. Er ist beides zugleich, sowohl Geschichtsdrama wie Weltanschauungsdichtung. Diese Vereinigung bisher getrennter Welten bekundet sich rein formal schon in der Sprache. Unruh hat in seinem „*Bonaparte*" eine Diktion angestrebt, die in gleichem Maße eine Anlehnung an den historischen Tatbestand wie eine Veranschaulichung eigenster Forderungen gestattete. Die Prosa des „*Bonaparte*" ist weder durchsetzt von den musikalisch-zarten Schwingungen des „*Louis Ferdinand*", noch beherrscht von dem gebändigten Hymnus der Mutter in „*Ein Geschlecht*" oder dem erhabenen Pathos Dietrichs in „*Platz*", sondern eher getragen von dem postulierenden Ethos der „*Reden*", vor allem aber gepreßt und gehämmert in ekstatisch-herben Schwellungen und triebhaften Zuckungen, wie sie sich besonders beim Ältesten Sohn und der Tochter in „*Ein Geschlecht*", dem Oberherrn in „*Platz*" — von den beabsichtigten Sprachverrenkungen des Schleich zu schweigen — und auch bei Friedrich in „*Stürme*" finden; sie ist Wucht und Prall, Schrei und Überschlag, visionärer Ausbruch und rauschartige Entfesselung und zugleich Aufforderung, Mahnung, Eindringlichkeit. Diese Erscheinung aber deutet auf alles andere hin, als auf bewußte Einbeziehung des Stoffes in Unruhs Ideal- und Phantasiewelt, sondern gerade sie bezeugt die feinnervige Einfühlungsfähigkeit in den historischen Tatsachenbereich und zugleich den aktiven Gestaltungswillen des Dichters. Unruh sah in dem absterbenden Konsulat und besonders in den Tagen der Enghienaffäre und der bevorstehenden Kaiserkrönung ein wildes Wirren und Tosen von Leidenschaft und List, Verrat und Verbrechen, Gewalt und Mord, innerlich verwandt der Welt von „*Ein Geschlecht*", „*Platz*" und „*Stürme*"; er fand hier kein lässig-tatenscheues Preußen voll Tanz und Musik, Liebe und Romantik, gottgläubiger Legitimität und leichtfertigem Spiel, ... und der gefühlvolle Schwärmer und verbitterte Todsucher Louis Ferdinand ist kein brutaler Korse und machtlüsterner Napoleon, der selbst dort, wo er liebt oder schwärmt, stets jäh fordert oder spukhaft fabuliert. Mehr als alle seine Vorgänger, Grabbe einbegriffen, konnte Unruh deshalb seinen Napoleon in einer Diktion des abgehackten Satzes, des hervorgestoßenen Wortes, des knappen Kommandos und wilden Ausbruchs, des Ausrufungs- und Fragezeichens sprechen lassen. Durch seine barocke Wortfügung und Satzgestaltung erweist sich Unruh als Fortsetzer und vielleicht sogar als Vollender auf der Bahn, die bisher fast alle Napoleondramatiker als die richtige empfunden hatten und aus ihrem ureigenen Gestaltungstriebe heraus beschreiten mußten: Grabbe, Bleibtreu, Carl Hauptmann — um nur die bedeutendsten und bekanntesten zu nennen — hatten jeder aus seiner individuellen Barockhaftigkeit den Napoleonstoff geformt, aber keiner, selbst Bleibtreu nicht, vermochte damit zugleich eine solche Aktivität und Zielstrebigkeit der Handlung zu vereinigen und solches Tempo bühnenwirklich und bühnenwirksam in den Ablauf des Geschehens einzufangen. Ganz abgesehen aber von diesem dramaturgisch-technischen Gesichtspunkt behauptet Unruhs *„Bonaparte"* vor allem rein gehaltlich als Weltanschauungsdichtung seinen höheren Rang dadurch, daß sich hier zum erstenmal in der deutschen Napoleondramatik der entscheidende Schritt der eigenen Sichtung des vielbearbeiteten Stoffes, unabhängig von philosophischen Spekulationen der Zeitgenossen, aus dem Werk und der Welt des Dichters selbst erschlossen hat. Unruhs Vorgänger sind der jeweiligen Zeitströmung, der Napoleonauffassung ihrer Zeit, weit stärker und bewußter verhaftet. Für Grabbe wurde Napoleon als dramatische Gestalt erst faßbar und verwertbar dank der Ansätze zu einem Mythos, einer Legende Napoleons, wie sie durch Grillparzer, Heine, Immermann u. a. m. geschaffen waren. Bleibtreu und Carl Hauptmann aber mußten sich Nietzsche und seiner Übermenschenkündung verpflichtet fühlen. Dagegen bedingt Unruhs eigene Weltanschauung und Erlebnisfähigkeit, seine eigenste Forderung und künstlerische Formung, einzig und allein den neuen Maßstab, den er an die dramatische Verwertung des Napoleonstoffes herangetragen hat. Daß Unruh in Bonaparte nicht den vergötterten Heros, nicht das hehre Menschenideal sehen kann, sondern nur den entmenschten Unhold, den schwächlichen Genüßling und den berückenden Dämon, — das ist nicht etwa bewußte Sucht nach Neuartigem, Originellem, nicht Auffindung und Aufzwingung eines neugewonnenen Gesichts- und Richtpunktes: es ist konsequente Fortarbeit am Werk eines Künstlers, der den großen, edlen, gerechten, liebenden und mitleidvollen Menschen sucht auch und gerade im großen und starken Helden. Zum erstenmal in der deutschen Napoleondichtung hat hier ein Dramatiker aus eigener Kraft seiner Zeit eine eigene Napoleonauffassung verkündet, aus eigener Sichtung und Kritik heraus. Mit innerer Berechtigung und folgerichtiger Notwendigkeit entfernt sich Unruh von Nietzsches Napoleonbild und berührt sich dadurch zugleich mit der Auffassung Tolstois, wie sie dieser in seinem großen Roman *„Krieg und Frieden"* dargelegt hat. Nietzsche und seinen dramatischen Nacheiferern konnte Unruh eine selbsterschaffene und in ernstem Lebenskampf errungene Idealwelt entgegenstellen mit dem Recht des lebenbejahenden Weltversöhners und Menschenerziehers: der lebenzerstörende Weltenzertrümmerer und Menschenschänder Napoleon mußte für Unruh das leibhafte Beispiel des Unmenschen sein, in gleichem Maße, wie er für Nietzsche die historische Rechtfertigung und Versinnbildlichung des Übermenschen darstellte. Mit Tolstoi aber darf Unruh sich einig fühlen in seiner Napoleonauffassung überall dort, wo der russische Dichter gegen die Größe Napoleons als einen außer- und übermoralischen Absolutwert ankämpft und sich gegen eine hohle Verhimmelung und unwürdige Vergötzung des Korsen wendet. Denn für Tolstoi sind auch die Großen und Größten nur Etiketten, die den Namen des historischen Ereignisses angeben, nicht freiwillige Verursacher oder gar eigenmächtige Lenker der Menschheitsgeschicke. Mag diese Begründung seiner fatalistischen Thesen und historisch-spekulativen Theorien von Unruhs ansporneden Forderungen und Verheißungen völlig abführen, — der letzte Grund und erste Maßstab ihrer Weltsicht und Menschenschau ist der gleiche: „*Für uns, denen Christus den Maßstab des Guten und Bösen gegeben hat, gibt es nichts Unmeßbares. Und es ist keine Größe da, wo nicht auch Schlichtheit, Güte und Wahrheit ist.*"

Von solcher Warte aus durfte Tolstoi seit den kämpferisch zeitbedingten Ausführungen der Freiheitsdichter zum erstenmal wieder eine berechtigte Moralkritik an Napoleons Wesen und Wirken im epischen Kunstwerk vornehmen und Unruh — wenigstens in der deutschen Literatur — die erste dramatisch wirksame Wertung oder Umwertung.

III. Kapitel: Nachexpressionismus.

Man hat den „*Bonaparte*" von zwei Seiten her für das jüngste Kunstwollen, wenn man will Kunstprogramm der „*Neuen Sachlichkeit*" in Anspruch genommen oder wenigstens als einen Schritt auf diesem noch unsicheren und unklaren Weg begrüßen zu dürfen geglaubt: einmal aus dem Werk und der Welt des Dichters selbst und außerdem dann aus dem Ziel und der Tendenz der neusachlichen Richtung heraus. In beiden Fällen sah man das entscheidend Neue, „*Sachliche*", „*Nachexpressionistische*" in der Abkehr des Dichters von seinen zeit- und ortlosen, typenhaft-mystischen Symboldichtungen (von „*Vor der Entscheidung*" bis zu „*Heinrich aus Andernach*"), in dem bloßen Aufgreifen einer historischen Tatsachenwelt, d. h. in einem reinen Material- und Stoffunterschied. Unberücksichtigt blieb dabei, wie und wozu der

Dichter diese realhistorischen Gegebenheiten nutzt und wertet, unbeachtet blieb die konsequente Einbeziehung sämtlicher Gestalten des Stückes in Unruhs feste und fertige Weltanschauung und die — aus solchen idealen Gesichtspunkten erwachsene — Auswahl und Absteckung des realen Schauplatzes. Weder die bewußte und für Unruhs Absichten notwendige Zusammendrängung historisch entferntliegender Ereignisse (Enghienerschießung und Kaiserkrönung), noch gar die Erfindung unhistorisch-symbolhafter Gestalten (Mutter Enghien) und widerhistorischer Szenen (Begegnung Bonapartes und Enghiens) entsprechen den nachexpressionistischen Forderungen von „*Freude an genauer Sicht und an der Wirklichkeit*", von unbedingtem „*Wiederanschluß an die bestehende Objektwelt*" und „*Selbstausdruck der Objektwelt*". Im Gegenteil bezeugen gerade diese Tatsachen deutlich, daß die Freude an der „*prallen Wirklichkeit*" von Unruh den Forderungen und Formungsabsichten seiner symbolhaften Erlebniswelt geopfert wurde, und daß die „*Magie*" nicht nur h i n t e r den Ereignissen und Gestalten liegt — wie das der „*magische Realismus*" beansprucht —, sondern geradezu in expressionistischer Art (wenn auch lebensnäher und glaubhafter als in Unruhs unhistorischen Stücken), Ereignis und Gestalt ist, sich in bestimmten Individuen leibhaft verkörpert. Unruh ist auch in „*Bonaparte*" noch allzusehr Dynamiker, Ekstatiker, „*Expressionist*", als daß man ihn als Vorbereiter oder auch nur als Vorläufer einer „*Neuen Sachlichkeit*" und eines „*Magischen Realismus*" bezeichnen könnte.

Indes zeigte Bernhard Blume bereits vor dem „*Bonaparte*" Unruhs in seinem gleichnamigen Stück, wie sehr gerade der Napoleonstoff eine Gestaltung gestattet, die den Formungsbestrebungen neuester bildender Kunst verwandt ist und den Forderungen nachexpressionistischer Theorie wenigstens zum Teil entspricht. Für Blume ist die Handlung im historischen Geschehen selbst gegeben, nicht in einem Mythos, einer Legende Napoleons wie bei allen Napoleondramatikern von Grabbe bis zu Bleibtreu und Carl Hauptmann, aber auch nicht wie bei Essig und Unruh in einer Zerstörung dieses Mythos durch Einbeziehung eines absoluten Wertmaßes, d. h. in einer Verdrängung durch einen umfassenderen und höheren Mythos. Blume hält sich so rein und unbeirrbar wie bisher kein anderer — rein historische Dialogisierungen und Kopien in Kraliks Art scheiden hier selbstverständlich aus — an das objektive Sein, an das „*Sein als solches*", er läßt die Tatsachen selbst sprechen: hart und nackt, aber klar und knapp gepackt stellt er Einzelbilder und Szenenreihen hin, mit sicherem Griff und wirksamer Wucht. Dabei beschränkt er sich nicht wie Grabbe, Emil Ludwig, wie überhaupt die Impressionisten insgesamt und wie auch Essig und Unruh, auf einen kleinen, eng begrenzten Abschnitt. Blume legt sein Werk auf Darstellung des Totalgeschehens, des ganzen Lebens Napoleons an wie Bleibtreu und Carl Hauptmann, aber ohne Bleibtreus diktatorisch vorbestimmte Schicksalsveranschaulichung oder Hauptmanns Stimmungsmalereien. Blumes „*Bonaparte*" will weder eine nur beispielhaft allgemeinmenschliche Warnung vor Übermut und tollkühner Vermessenheit sein wie so viele Napoleonstücke, weder eine direkte Ablehnung des Menschenverächters und Menschenknechters Napoleon, noch eine freudig bekennerische Lobpreisung des Übermenschen; aber Blume legt es auch nicht an auf ein mitleidvolles und zugleich bewunderndes Aufblicken zu dem einsamen Büßer und Märtyrer, sondern vor allem auf ein frisches Schauspiel, ein farbenbuntes, wechselvolles, handlungsreiches Zurschaustellen des Starken und Urwüchsigen, Frischen und Festen, eine lebendurchpulste und lebengeschwellte Reproduktion (keine matte und magere Kopie) des historischen Geschehens selbst, ohne interpretierende Umschweife und mit nur wenigen, aber um so wirksameren moralischen Nutzanwendungen des Stoffes. Die Herauslösung dramatisch bewegter Einzelfakta aus dem Ganzen des historischen Geschehens bedeutet freilich an sich schon eine klare Wertung und Beurteilung Napoleons. Blume bringt in seiner Auswahl nicht die historisch wichtigen oder wichtigsten Einschnitte im Leben Napoleons (Staatsstreich, Kaiserkrönung, Ehescheidung, Abdankung, Rückkehr von Elba), sondern eher (in Hauptmanns Art) Szenen von weniger offizieller und historischer Bedeutung, Ereignisse, die weniger bekannt und bedeutsam für den äußeren Verlauf der Biographie Napoleons sind, aber um so eher und um so mehr der Charakterisierung seines innersten Wesens dienen können und zugleich eine indirekte Erläuterung oder doch Einbeziehung ausgelassener Vorfälle gestatten. Der dramatischen Verwirklichung dieser Absicht dienen, wie bei Carl Hauptmann, eingeschobene Soldaten-, Diener- oder auch halbhistorische Kabinettszenen. Aus diesem Grunde sieht sich Blume, wiederum ganz ähnlich wie Carl Hauptmann, zu gewaltigen Sprüngen und dauernden Szenenwechseln genötigt (ganz besonders im dritten Akt, wo Napoleon zu Beginn noch Konsul ist, dann plötzlich als Kaiser nach dem Boulogner Flottenmanöver erscheint, in der nächsten Szene bereits im Feldlager vor Austerlitz und schließlich in Magdeburg unmittelbar vor dem Einzug in Berlin gezeigt wird). Schon daraus erhellt, wie sehr sich Blume mit knappen Andeutungen und fragmentarischen Anweisungen begnügen mußte, wenn er statt eines episch-dialogischen Berichts wirklich dramatische Handlung,

Spannung, Tempo, Dynamik und Bühnenwirkung erzielen wollte. Deshalb läßt er meist die Einzelszene in ihrer Handlung offen und unvollständig, er gibt kein in sich gerundetes und abgeschlossenes Ganzes, sondern immer nur skizzenhafte Entwürfe und zusammengeraffte Gruppenbilder, die jedoch jeweils in einem verschiedenen Einzelmotiv gipfeln. Durch diese handlung- und spannungschaffende Motivvariation erscheint Napoleon, der durchaus im Mittelpunkte steht, in stets neuen Belichtungen, und zwar fast immer selbsttätig durch sein Handeln und Gebaren sich charakterisierend, nicht vor oder hinter den Ereignissen, sondern mitten in ihnen, ganz Mann des tätigen Augenblicks und rastlosen Wirkens, nicht reflektierender Beschauer der Vergangenheit und noch weniger prophetischer Schwärmer der Zukunft. Sein Gesamtbild hat Blume nicht durch eigene Wünsche und Forderungen verschoben oder zurechtgerückt wie bisher noch jeder, der die Hauptphasen seines Lebens dramatisch veranschaulichen wollte von Rückert an über Bleibtreu bis zu Carl Hauptmann hin. Blume hat Napoleons Gesamtgestalt nicht durch Anfügung von Einzelzügen menschlicher oder politischer Art erweitert, verbrämt oder verwischt, sondern durch Auslassung, Zusammenfassung und Straffung, durch Beschränkung auf wenige, meist politische Hauptcharakteristika seines Wesens eher vereinfacht, klarer, glatter und heller veranschaulicht. Er zeigte den General Bonaparte als kaltblütigen Todesverächter während der tollkühnen Rückfahrt aus Ägypten, als flotten und frischen Soldaten, verschlagenen Diplomaten, aber auch als den verwirrten Redner des Staatsstreichs; er umriß knapp und scharf die Gestalt des kriegslüsternen Konsuls und ebenso die Erscheinung des Kaisers in ihrer politischen Brutalität, persönlichen Wärme, ihrem gigantischen Welteroberungsrausch und ihrer tragischen Vereinsamung. Zwar erleben wir nicht mit, wie und warum diese Einzeletappen erreicht werden, sondern wir sehen sie als Handlung und reale Wirklichkeit greifbar dargestellt und plastisch geformt, aber kaum durcheinander und auseinander sich entwickelnd oder gar psychologisch sich motivierend. In diesem statischen Sein und Gewordensein jedoch weiß Blume eine starke Spannung und kräftige Wirkung zu erzeugen durch die Perspektive, unter der er das Geschehen sieht und formt, durch die Sphäre, in die er es einbezieht, durch die selbstgeschaffene Welt, mit der er die Historie umkleidet oder durchsetzt. Bleibtreu, Emil Ludwig und Carl Hauptmann hatten aus ihrer (von Nietzsche bestimmten) Napoleonwertung, aus der Innenwelt Napoleons, gleichsam aus der Lebensidee, die er ihnen verkörperte, ein Motiv oder Motivenbündel herausgerissen (Bleibtreu das Schicksalhafte, Emil Ludwig die Doppelung Genie-Charakter, Carl Hauptmann das Märtyrertum des mißverstandenen Großen). Blume brachte, darin Hermann Essig und Fritz von Unruh verwandt, aus seinem eigenen Lebensgefühl, aus seiner eigenen Welt und Weltauffassung Wert und Maß für seinen Napoleon mit. Dieser bestimmende Gesichtspunkt aber ist Blumes Kriegserlebnis. Von Anfang an bis zum Schluß klingt die Tendenz gegen Krieg und Kampf, Gewalt und Greuel heftig und erschütternd an, und zwar nicht als philosophisches Postulat und humanistisch-pazifistisches Programm (dieses findet in Talleyrand einen freilich unwürdigen oder doch unglaubwürdigen Vertreter), sondern als reale Darstellung und bühnenwirkliche Handlung. Bilder- und Szenengruppen, wie sie oft, aus einer qualvollen Erinnerung an seelische und körperliche Marter des Krieges in Prosa und Vers festgehalten worden sind, werden hier dramatisch belebt und bewegt mit eindringlicher Schärfe und fast höhnender Kälte entworfen und real vorgeführt. Napoleon aber als Veranlasser solchen Wütens und Mordens, als Verursacher dieses Leids und Lasters erscheint so als der ehrgeizige Tyrann und willkürliche Despot, als der schrankenlose Eroberer und unbarmherzige Massenmörder. Alle sind ihm nur Mittel und Werkzeug für diese unmenschlichen Triebe und unglückseligen Leidenschaften: von seinen Brüdern, den engen Flachköpfen und Kleingeistern an über seine Generale und Marschälle, die murrenden Haudegen und Draufgänger, bis zu den untersten Soldaten. Aber trotzdem büßt Napoleon nichts von seiner überragenden Höhe und Größe ein, er verliert nichts von seiner erhabenen Haltung und Würde, sondern bleibt bis zum Schluß der Befehlende, Berauschende und Bewunderte, überall, wo er selbst auftritt. Denn nicht in seinem Wesen, in seiner Gestalt und Erscheinung an sich wittert Blume bereits den entmenschten Dämon und das leibhafte böse Prinzip, sondern er sieht und spürt das Unmenschliche und Böse erst in seinem realen Werk, in seiner Wirkung, in der Verwirklichung und Tatwerdung seiner Ideen und Pläne. Daß Blume beides real und glaubhaft, ohne Aufbietung eines metaphysisch-symbolischen Apparates veranschaulichen konnte, d. h. daß er in dem dramatischen Ablauf selbst beide Elemente harmonisch vereinigte ohne die geschichtliche Realität zu verzerren und ohne seine weltanschauliche Gesinnung zu verdrängen — das rückt seinen *„Bonaparte“* in nächste Nähe der Lebenshaltung und des Stilwillens der *„Neuen Sachlichkeit“*.

Durch unverfälschte Wiedergabe der historischen Fakta und des *„historischen“* Napoleon bezeugt Bernhard Blume seine Hingabe an die reale Tatsachenwelt, durch Einfügung unhistorischer Typen und

Stimmungsszenen aber seinen Willen zur Wertung. Denn diese Soldaten- und Volksepisoden sind weder wilder Rausch oder Schnörkel noch bloß widerspiegelnder Reflex des historischen Geschehens, sondern sie sind Maß und Mitte des Ganzen: die Stimmung des Volkes, die Lage der Soldaten, die Wünsche der Marschälle deuten unverhohlen die Welt um Napoleon an und richten ihn und sein Werk zugleich aus diesen Stimmungen und Wünschen heraus. Dadurch entsteht eine Doppelung in Blumes Napoleongestaltung und Verwertung. Eine klare Entscheidung darüber, wie weit der Unmensch und wie weit der Übermensch gezeigt und gerichtet werden soll, läßt das dramatische Geschehen nicht zu und liegt sicherlich nicht in der Absicht des Dichters. Aus einer gewissen objektiven Überlegenheit ist das Ganze geboren und mit einer fast kalten Strenge gestaltet. In ihrer Gegenständlichkeit und Fülle sind die Ereignisse wuchtig und klar gepackt und peripherisch um die Gestalt Napoleons (nicht aus ihr heraus wie bei Hauptmann) geordnet. In sich gerundet und abgeschlossen, fertig und fest wie die Einzelbestände der Handlung ist auch die Prosa, die Sprache des Dichters. Nicht mehr gesteigert und geschwellt durch expressionistischen Krampf und Schrei, abgerissen und gehackt wie in seinem Erstling *„Fahrt nach der Südsee“* (1924), sondern geballt und gestrafft, gerundet und gefüllt im Satz, nicht mehr zerfetzt hervorgestoßen im Schrei und Ruf, bildet auch sie ein Merkzeichen Neuer Sachlichkeit. Aber bei all dieser metallischen Härte, Klarheit und Männlichkeit im Sprachausdruck, wie in der Zeichnung der Charaktere und im Handlungsaufbau bleibt doch noch viel barockhaft Überstürzendes, Schäumendes und Gärendes im ganzen bestehen. Wilde Wucht und rasendes Tempo der Handlung, rascher Wechsel des Schauplatzes einerseits und daneben die Freude an tollen Kneip- und Wirtshausszenen, der derbkräftige Griff mitten in geschlechtlich sexuelle Intimitäten hinein, die freche Ausgelassenheit und rücksichtslose Derbheit, der ungehemmte Zusammenprall und schlagfertige Gegenstoß, die burleske Überspitzung und komische Kontrastierung — all das erinnert unter den Jüngsten am ehesten an Karl Zuckmayer, den Dichter des Schinderhannes ... und wenn man diesen als Anbahner neuer Sachlichkeit in Anspruch nehmen darf, so mag man dem Dichter des *„Bonaparte“* das gleiche Recht zugestehen. In der Tat hat keiner von Blumes Vorgängern eine so *„sachliche“*, einfache, klare, wirksame und dankbare *Theaterrolle* Napoleon geschrieben, wie denn überhaupt die klare Einbeziehung des Historisch-Wesentlichen ins Theatralisch-Wirksame und das Vorherrschen des Bühnenmäßigen und Bühnenmöglichen der Hauptvorzug des Blumeschen *„Bonaparte“* ist: über Grabbe, Bleibtreu, Hauptmann und auch über Unruh hinaus. So sehr Bernhard Blume in dieser Hinsicht — man mag es unfreiwilliges Zugeständnis an die Bühne oder, jedenfalls richtiger, angeborenes Bühnentalent nennen — von diesen allen verschieden ist, in der Freude am Frischen, Farbigen, Reichen und Rauschenden ist er mit ihnen verwandt ebenso wie in der Sehnsucht nach dem Starken und Stürzenden, Wuchtigen und Wilden, mag auch dieses barocke Element mehr in der Umwelt und durch die Umwelt Napoleons verkörpert sein als durch ihn und in seiner Gestalt selbst. Dieses lebendurchpulste Hin und Her, chaotische Auf und Ab, dieses Kommen und Gehen verschiedenartigster Persönlichkeiten, kurz das Reiche, Bunte, Wechselvolle, Wandelnde, Vielgestaltige, nicht das Runde und Fertige, Klare und Feste, Einheitliche und Bestimmte zog auch den Dramatiker Blume in seinen Bann. Auch er bleibt — so sehr er gerade dieses Flüchtige zu verfestigen und dieses Wechselnde zu vereinheitlichen, zu verdinglichen, zu konkretisieren bestrebt war — ein gewichtiger Zeuge für die Barockhaftigkeit der deutschen Napoleondramatiker einerseits, vor allem aber ein letzter, eindringlicher Mahner daran, wie sehr jede einzelne Zeitströmung bestrebt ist, ihr eigenstes Napoleonbild mit ihren Maßen zu fassen und mit ihren Mitteln zu formen.

QUELLEN-NACHWEIS.

a) Deutsche Werke.

Arndt, Ernst Moritz: Kurze und wahrhaftige Erzählung von Napoleon Bonapartes verderblichen Anschlägen, Leipzig 1813. — Kriegslieder der Teutschen, 1814. — Ausgewählte Werke in 16 Bänden, hrsg. von Heinrich Meisner und Robert Geerds (besonders Band IX—XII: Geist der Zeit), Leipzig (Hesse).

Bahr, Hermann: Josephine. Ein Spiel in 4 Akten. Berlin 1898.

Biesendahl, Karl: Der Stern des Korsen, Tragödie in 5 Akten, Berlin 1890.

Bismarck: Die gesammelten Werke, Verlag für Politik und Wirtschaft, 2. Aufl., Berlin.

Bleibtreu, Karl: Dramatische Werke, Band I—III, Leipzig 1889. — Revolution der Literatur, Leipzig 1886, 3. Aufl. — Napoleon bei Leipzig, Berlin 1885. — Der Imperator Napoleon 1814, 3. Aufl., Jena 1896. — Napoleon I., Dresden und Leipzig 1889. — Der russische Feldzug, Leipzig 1893, 2. Aufl., Jena 1897. — Englands große Waterloolüge. Zu den Jahrhunderttagen von 1815, Berlin und Leipzig 1915. — Zur Aufführung von Grabbes Napoleon, Bühne und Welt I, 1899, S. 69—73. — Napoleon in dichterischer Gestaltung, Nord und Süd, Bd. 129, 33. Jhrg., 1909, S. 552—555. —

Blume, Bernhard: Bonaparte. Ein Stück in 5 Akten, München 1926.

Burckhardt, Jakob: Vorträge 1844—1887, 2. Aufl., Basel 1918. — Weltgeschichtliche Betrachtungen, Leipzig (Kröner).

Bronnen, Arnolt: Napoleons Fall, Berlin 1924.

Chamisso, Adalbert v.: Werke, hrsg. von G. Hesekiel, Berlin o. J.

Essig, Hermann: Napoleons Aufstieg, Schauspiel in 4 Aufzügen, Berlin 1912.

Felix, Gustav: Moskau 1812, Schauspiel, Berlin 1886.

Fichte, J. G.: Reden an die deutsche Nation. Eingel. von Rudolf Eucken, Leipzig 1909 (besonders 8. Rede). — Über den Begriff des wahrhaften Krieges. Neu herausgegeben von Loewenstein, Berlin 1915.

Fournier, August: Napoleon I. Eine Biographie, 3 Bände, 3. Aufl., Wien und Leipzig 1913.

Friedrich, Paul: Napoleon. Heroische Trilogie, Berlin 1902.

Gaudy, Franz, Freiherr v.: Ausgewählte Werke, Leipzig 1901. — Kaiser-Lieder, Leipzig 1835.

Goethe: Goethes Gespräche, hrsg. von Biedermann, Leipzig 1909—11. — Goethes Unterhaltungen mit dem Kanzler Friedrich von Müller, 3., verm. und verb. Aufl., Stuttgart und Berlin 1904. — Werke, Weimarer Sophienausgabe.

Görres, Josef: Resultate meiner Sendung nach Paris, Koblenz 1800. — Reden gegen Napoleon. Aufsätze und Berichte aus dem Rheinischen Merkur 1814/15, hrsg. und eingel. von Bernhard Ihringer, München

1914. — Wider Napoleon — für das deutsche Volk. Eine Auswahl aus seinen Schriften und Briefen, hrsg. von Dr. Robert Stein, Leipzig 1928 (Reklam).

Grabbe, Christian Dietrich: Werke, hrsg. von Eduard Grisebach, Berlin 1902.

Grillparzer: Sämtliche Werke, 5. Ausg. in 20 Bänden, hrsg. von August Sauer, Stuttgart o. J.

Gutbier, Luise (gen. L. Jean Christ): Napoleon I., Dramatisches Lebensbild in 11 Bildern, 2. Aufl., Berlin 1904.

Halbe, Max: Freiheit. Ein Schauspiel von 1812, 3 Akte, München 1913.

Harnack, Otto: Napoleon. Dramatisches Gedicht mit Vorspiel in 5 Akten, Dorpat und Fellin 1881.

Hauptmann, Carl: Die Bergschmiede, Drama, München 1902. — Moses, Drama, München 1906. — Aus meinem Tagebuch, 2. Aufl., München 1910. — Napoleon, Schauspiel in 2 Teilen mit Vorspiel und Nachspiel. I. Teil. Bürger Bonaparte. II. Teil. Kaiser Napoleon, München 1911. — Die lange Jule, Drama, Leipzig 1913. — Tobias Buntschuh. Eine burleske Tragödie in 5 Akten, Leipzig 1916.

Hauptmann, Gerhart: Festspiel in deutschen Reimen, Berlin 1913.

Hebbel: Werke. Historisch-kritische Ausgabe von R. M. Werner, Berlin 1904ff.

Hegemann, Werner: Napoleon oder Kniefall vor dem Heros, Berlin 1927.

Heine: Sämtliche Werke, hrsg. von Oskar Walzel, Leipzig 1910—20.

Hellmann, O.: Napoleon im Spiegel der Dichtung, Glogau 1914.

Hölderlin: Gedichte. Gesammelte Werke, 2. Band, hrsg. von Wilhelm Böhme, Jena 1924.

Immermann: Werke, hrsg. von Harry Maync, 4 Bände, Bibliographisches Institut.

Kahlbau, C. G.: Napoleon auf Helena. Historisch-romantisches Drama in 5 Aufzügen, Tangermünde 1855.

Kircheisen, Friedrich: Napoleon I. Sein Leben und seine Zeit, Band I und II, 1911—13.

Kleist, Heinrich v.: Werke, hrsg. von Erich Schmidt, Bibliographisches Institut.

Körner, Theodor: Werke, hrsg. von Hans Zimmer, Bibliographisches Institut.

Kotzebue, August v.: Erinnerungen aus Paris im Jahre 1804. — Die Biene. Eine Quartalschrift, Königsberg und Berlin 1809. — Die Grille, Fortsetzung der Biene, Königsberg 1811—12. — Ode an Napoleon, Moskau 1813. — Der Flußgott Niemen und Noch Jemand. Ein Freudenspiel in Knittelversen, Gesang und Tanz, aufgeführt auf dem Theater zu Reval zur Feier des Freudenfestes, als die letzten Überreste der Franzosen von den tapferen Russen wieder über den Niemen gejagt wurden, Petersburg 1813. — Possen, die Zeit beachtend bei Gelegenheit des Rückzuges der Franzosen. Seitenstück zum Flußgott Niemen, 1813. — Napoleons Reise-Abenteuer. Eine heroische Tragikomödie von A. v. Kotzebue. Ehrfurchtsvoll gewidmet dem berühmten Wahrheitsfreunde Herrn Moniteur in Paris, Leipzig 1814. — Der Flußgott Rhein und Noch Jemand. Ein Freudenspiel aus den Tagen der Erlösung. Gegenstück zum Flußgott Niemen und Noch Jemand von A. von Kotzebue, 1814. — Noch Jemands Rasereien auf Korsika. Eine Vision. Anhang zu Noch Jemands Reise-

Abenteuer, Riga und Leipzig. — Politische Flugblätter, Königsberg 1814—16.
Kralik, Richard v.: Die Revolution. Sieben Historien, Ravensburg 1908.
Lenz, Max: Napoleon (In Monographien zur Weltgeschichte), 3. Aufl., Bielefeld und Leipzig 1913.
Ludwig, Emil: Napoleon. Drama in 5 Akten, Berlin 1906. — Napoleon. Biographie, Berlin 1925. — Autobiographie in „Emil Ludwig im Urteil der Weltpresse", Ernst Rowohlt-Verlag, Berlin November 1927.
Ludwig, Max: Der Kaiser, Roman, München 1911.
Mare, C.: Napoleon. Eine Büste zu Vielen, Straßburg 1909.
Müllner, Adolf: König Yngurd. Trauerspiel in 5 Aufzügen, Leipzig 1817.
Nietzsche: Werke, Klassiker-Ausgabe, Leipzig 1911. — Briefe, hrsg. von Richard Oehler.
Platen: Sämtliche Werke in 12 Bänden, hrsg. von Max Koch und Erich Petzet, Leipzig (Hesse).
Rellstab, Ludwig: 1812. Ein historischer Roman. 31. illustr. Aufl., Leipzig 1916.
Rückert, Friedrich: Deutsche Gedichte von Freimund Raimar. 1. Band, Heidelberg 1814, 2. Band, Stuttgart und Tübingen 1817. — Kranz der Zeit, Stuttgart und Tübingen 1815—18. — Napoleon. Politische Komödie von Freimund Raimar. I. Napoleon und der Drache. II. Napoleon und seine Fortuna, Stuttgart und Tübingen 1815—18. — Napoleon der Rezensent und der Dichter. Intermezzo zur Politischen Komödie Napoleon von Freimund Reimar, hrsg. von Dr. Leopold Hirschberg, Bielefeld und Leipzig 1911. — Der Leipziger Jahrmarkt. Im Auftrag der Erben zum ersten Male veröffentlicht und herausgegeben von Georg Schenk, München 1913.
Scherenberg, Christian Friedrich: Abukir. Die Schlacht am Nil. 2. Aufl., Berlin 1855. — Ligny. Ein vaterländisches Gedicht. 4. Aufl., Berlin 1870.
Schubert, Friedrich Karl: Napoleon I. oder eines großen Schicksals Flut und Ebbe. Charakterbild in 5 Aufzügen, München 1881.
Stägemann, Friedrich August: Kriegsgesänge aus den Jahren 1806—13, Deutschland 1813.
Stolle (Anders), Ferdinand: Die Granitkolonne von Marengo. Historischer Roman, Plauen 1855. — 1813. Historischer Roman. Neu hrsg. und eingel. von F. Wencker, Berlin 1913. — Elba und Waterloo. Neu hrsg. und eingel. von F. Wencker, Berlin 1913. — Der neue Cäsar. Seitenstück zu „1813" und „Elba und Waterloo", 2. Aufl., Leipzig 1858.
Treitschke, Heinrich v.: Historische und politische Aufsätze, Leipzig 1886—97.
Unruh, Fritz v.: Ein Geschlecht. Schauspiel in 4 Akten, München 1915—16. — Platz. Ein Spiel. II. Teil der Trilogie „Ein Geschlecht", München 1917—20. — Stürme. Ein Schauspiel in 5 Akten, München 1922. — Flügel der Nike. Buch einer Reise, Frankfurt a. M. 1924. — Louis Ferdinand, Prinz von Preußen. Drama in 5 Akten (1914), Frankfurt a. M. 1925. — Heinrich aus Andernach. Drama, Frankfurt a. M. 1925. — Reden, Frankfurt a. M. 1925. — Bonaparte. Schauspiel in 4 Akten, Frankfurt a. M. 1927.
Vallentin, Berthold: Napoleon, Berlin 1923. — Heroische Masken, Berlin 1927.

Voss, Richard: Wege den Besiegten. Drama in 3 Aufzügen, Leipzig 1888.
Wagner, Richard: Schriften und Dichtungen, hrsg. von Wolfgang Golther.
Wenker, Friedrich: Dichter um Napoleon. Eine Auswahl der Napoleonpoesie, Berlin 1913.
Werner, Zacharias: Attila. Sämtliche Werke, hrsg. von seinen Freunden, Band 8. — Briefe, hrsg. von Dr. Walter Floeck, 2 Bände, München 1914.
Wetzel, F. G.: Aus dem Kriegs- und Siegesjahr 1813, Leipzig 1815.
Zedlitz, Johann Christian v.: Gedichte, Stuttgart und Tübingen 1832.

b) ausländische Werke.

Barthélémy und Méry: Napoléon en Egypte. Poème. Deutsch von Gustav Schwab, Stuttgart und Tübingen 1829.
Béranger, Pierre: Chansons. Übersetzt von Rubens, Berlin 1839—41.
Byron: Werke. Deutsch von Böttger, Leipzig und Wien 1912.
Dumas, Alexandre, père: 30 Jahre aus Napoleons Leben. Dramatisches Gemälde. Deutsch von W. Schütz, Erfurt 1845. — Histoire de Napoléon. Übersetzt von Hahn, Berlin 1913.
Faure, Elie: Napoléon. Übertragen von Otto und Erna Grautoff, Dresden 1928.
Hugo, Victor: Sämtliche Werke, Deutsch, Stuttgart 1858—61.
Lamartine, Alphonse de: Sämtliche Werke. Übersetzt von Herwegh, Stuttgart 1843—53.
Mereschkowskiy, D. S.: Napoleon. Sein Leben. Napoleon. Der Mensch. Deutsch von A. Luther, Leipzig-Zürich 1928.
Quinet, Edgar: Napoléon, Poème, Paris 1836.
Shaw, Bernhard: Der Schlachtenlenker oder der Mann des Schicksals, Deutsch von S. Trebitsch, Berlin 1904.
Tolstoi, Leo: Krieg und Frieden, Deutsch von Erich Böhme, Berlin o. J., Ladywntnikow-Verlag.
Stendhal (Hugo Beyle): Gesammelte Werke, hrsg. von Blei und Weigand, München 1921—23 (Besonders „Die Denkwürdigkeiten über das Leben Napoleons").

LITERATUR-VERZEICHNIS:

a) Gesamtdarstellungen.

Bleibtreu, Karl: Napoleon in dichterischer Gestaltung, Nord und Süd, 33. Jhrg. 1909, Bd. 129, S. 552 ff.
Brieger, Lothar: Napoleon I. im deutschen Drama. Das Magazin für Literatur, 70. Jhrg. 1901, Nr. 22.
Friedrich, Paul: Napoleondichtungen. Literarisches Echo, 12. Jhrg. 1909—10, S. 690 ff.
Gaethgens zu Ysentorff, Hermann: Napoleon I. im deutschen Drama, Frankfurt a. M. 1903.
Holzhausen, Paul: Der erste Konsul Bonaparte und seine deutschen Besucher, Bonn 1900. — Napoleon im deutschen Drama. Bühne und Welt, 2. Jhrg., 2. Halbj. 1900, S. 725 ff. — Napoleons Tod im Spiegel der zeitgenössischen Presse und Dichtung, Frankfurt a. M. 1902.
Lublinski, Samuel: Napoleon als dramatisches Problem, Bühne und Welt, 7. Jhrg., 2. Halbj. 1905.
Niemeyer, Eduard: Die Schwärmerei für Napoleon in der deutschen Dichtung, Archiv für Literaturgeschichte, 4. Bd., 4. Heft, S. 507—17.
Reinhardstöttner, Carl v.: Napoleon I. in der zeitgenössischen Dichtung. Aufsätze und Abhandlungen vornehmlich zur Literaturgeschichte, Berlin 1887.
Vallentin, Berthold: Napoleon und die Deutschen, Berlin 1926.

b) Einzeldarstellungen.

Bleibtreu, Karl: Zur Aufführung von Grabbes Napoleon, Bühne und Welt I, 1, 1899.
Fischer, Andreas: Goethe und Napoleon, 2., erweiterte Aufl., Frauenfeld 1900.
Groeper, Richard: 1813 Goethe, 1913 Hauptmann. Pädagogisches Archiv 1913, 55. Jhrg., S. 551 ff.
Holzhausen, Paul: Bonaparte, Byron und die Briten, Frankfurt a. M. 1904. — Immermanns Verhältnis zu Napoleon I., Beilage zur Allgemeinen Zeitung, Jhrg. 1898, 12. Febr., Nr. 34. — Heinrich Heine und Napoleon, Frankfurt a. M. 1903.
Lelbach, Karl: Napoleon in der Auffassung und in den Versuchen künstlerischer Gestaltung im Drama bei Grillparzer, Grabbe und Hebbel, Dissert., Bonn 1914.
Przibram, A.: Grillparzer und Napoleon, Deutsche Bühnengenossenschaft, 1898, 27. Jahrg., S. 234 ff.
Richter, B.: Friedrich Hebbels Napoleon-Fragment, Dissert., Breslau 1924.
Scholz, H.: Fichte und Napoleon, Preußisches Jahrbuch 152, 1913.
Voretzsch, Karl: Gaudys Kaiserlieder und die Napoleondichtung, Preußisches Jahrbuch, Band 95, Heft 3, März 1899.

FSC
www.fsc.org
MIX
Papier | Fördert gute Waldnutzung
FSC® C083411

Kolibri 360 GmbH
Ferdinand-Jühlke-Straße 7
99095 Erfurt, Deutschland
produktsicherheit@kolibri360.de